Underground Commercial Buildings

城市及建筑安全疏散规划与设计系列

丛书主编　周铁军

地下商业建筑
人员消防疏散行为与建模

Research on Occupants'
Fire Evacuation Behavior
and Computable Model in
Underground Commercial Buildings

王大川　著

中国建筑工业出版社

前　言

PREFACE

　　当前的消防安全工程领域正在从技术性观点向行为学观点转变，为了使消防安全措施与事故发生期间人员的实际需求相一致，需要了解人员在火灾和消防疏散中的行为特征并提供可行的预测方法。当人员在面临紧急情况时，往往表现出与平常状况下不同的行为。过去数十年来，不同领域的学者从不同角度研究这些行为模式的规律，并试图寻找影响火灾中人员行为改变的关键因素。如何量化这些因素对建筑物消防安全设计及管理的影响，建立仿真模型是当前建筑物消防安全领域的重点和热点问题。

　　笔者自2013年开始参与了导师即本系列丛书主编周铁军教授"基于社会力模型的地下商业建筑消防疏散设计研究"（51378516）、"应对突发事件的城市商业中心区外部空间步行疏散设计研究"（51678084）、"基于人员体质特征行为的地下空间疏散楼梯设计研究"（51878082）、"亚安全区导向的多层级深层地下空间立体疏散网络设计研究"（52278005）共四项国家自然科学基金面上项目的研究，对城市及公共建筑人员疏散行为建模与仿真领域的行人基础数据、行为决策、数学模型、仿真方法等方面进行了较为系统的研究，为完成本书奠定了坚实基础。

　　本书系统梳理了当前针对建筑物火灾情形下人类疏散行为的一系列研究进展，包括主要研究问题、研究方法及相关结论，分析了当前在地下空间建筑中人员疏散行为研究基础数据的缺乏，探讨了主流疏散模型对人员行为模拟的局限性。据此通过对地下商业建筑空间环境及人员特征开展调查，分析地下商业建筑中影响人员消防疏散行为的主要因素，结合调查问卷和虚拟现实实验对人员疏散行为进行数据搜集并开展量化分析。在对地下商业建筑人员疏散行为系统量化调查的基础上本书提出了一个用于真实模拟地下商业建筑疏散过程中环境对人员行为和寻路影响的仿真模型——BUCBEvac，该模型在传统疏散模型的导航网络（Navigation Mesh）基础上创新性地提出了一个基于人员真实决策的环境网络导航图。通过自下而上的测试验证了该模型的有效性，并结合实证案例展示了该行为模型在评估复杂地下商业建筑疏散性能中的应用。

本书也提出了一套将社会学研究应用于工程实践的方法论：如何针对地下空间中人员在应急疏散中的心理行为和寻路行为设计实验并获取数据，将这些数据用于建立可评估建筑物疏散安全性能的仿真应用工具过程中的因子筛选、因子实证研究、提出行为模型抽象方法以及形成数学模型框架。整个过程可视为对特定建筑环境下人员消防疏散行为研究的一套完善的方法论，该方法也可用于其他类型建筑中人员疏散行为的研究及人类环境行为学其他领域的研究。

本书中提出的人员疏散行为数据集补充了当前的消防安全理论，为地下商业建筑消防安全政策提供支撑，能够帮助建筑师更好地理解地下商业建筑消防疏散紧急情况下的人员行为与空间环境的关系，疏散模型能够支持地下商业建筑在设计阶段的疏散性能评估。因此，本书可供地下建筑设计、安全科学与工程、消防工程、应急管理等领域的科学研究及学习参考使用，可作为消防设计管理、建筑消防安全、人员安全风险评估、应急管理等领域工程技术人员参考资料，也可作为高等院校建筑安全设计、消防安全工程、应急管理等专业研究生辅助教学资料。

本书的研究和写作过程得到了周铁军教授及重庆大学智慧城市研究院智慧疏散与城市安全研究中心各专家在研究设备、数据分析、模型验证等方面的大力支持；李凝、郑方方、吴思琳和邓媛参与了本书的绘图、排版和校对等工作；中国建筑工业出版社的工作人员为本书从立项到出版中的各项工作付出了大量的时间和劳动；本书也借鉴了很多同行学者的研究成果，在此一并致以由衷的感谢。

本书受西南科技大学校博士基金项目"城市深部地下空间疏散设施协同设计研究"和西南科技大学土木工程与建筑学院发展基金资助出版。

由于地下空间安全疏散问题十分复杂，作者水平有限，且研究工作尚未全部完成，书中难免存在纰漏与不足之处，恳请读者批评指正。

目　录

CONTENTS

前言

1　绪论

1.1	背景与意义	002
1.1.1	地下商业建筑快速发展中面临的消防安全问题	002
1.1.2	消防安全工程领域从技术性观点向行为学观点转变的趋势	005
1.1.3	建筑设计师对实际项目中疏散性能评估的需求	007
1.1.4	人员消防疏散行为研究与建模新的技术契机	009
1.2	基础理论及研究进展	010
1.2.1	人员消防疏散行为基础理论	010
1.2.2	地下商业建筑消防安全设计与人员行为	015
1.2.3	人员消防疏散行为研究方法	019
1.2.4	人员消防疏散仿真模型	022

2　建筑中人员消防疏散行为影响因素

2.1	人员消防疏散安全要素	028
2.2	疏散行为潜在影响因子	029
2.2.1	人员因素	030
2.2.2	环境因素	037
2.2.3	火灾因素	042

2.3　影响因子分析框架 ——————————————————————043

3　地下商业建筑人员消防疏散行为影响因子分析

3.1　消防疏散行为影响要素调查 ——————————————————046

　　3.1.1　调查方法与对象 ——————————————————————046

　　3.1.2　地下商业建筑类型 ————————————————————048

　　3.1.3　环境特征 ————————————————————————051

　　3.1.4　人员特征 ————————————————————————064

　　3.1.5　火灾特征 ————————————————————————070

3.2　消防疏散行为影响因子筛选 ————————————————————071

　　3.2.1　候选因子集 ——————————————————————072

　　3.2.2　评价方法 ————————————————————————073

　　3.2.3　结果与分析 ——————————————————————074

4　地下商业建筑人员消防疏散行为问卷调查

4.1　问题设置与统计方法 ——————————————————————080

4.2　人员基本信息 ——————————————————————————081

4.3　火灾感知与报警反应 ——————————————————————084

　　4.3.1　听到消防报警后的第一反应 ——————————————————084

　　4.3.2　确认火灾发生后的主要反应 ——————————————————087

4.4　疏散过程中的行为 ————————————————————————091

　　4.4.1　疏散寻路策略 ——————————————————————091

　　4.4.2　是否选择就地避难 ————————————————————095

　　4.4.3　在人群拥堵处的行为反应 ——————————————————098

4.5　疏散中的心理压力 ————————————————————————099

4.6　疏散中的社会行为 ————————————————————————101

5　地下商业建筑环境对人员消防疏散行为影响的实验研究

5.1　实验方法概述————————————————————104

5.1.1　VR 实验平台—————————————————104

5.1.2　实验场景设置————————————————105

5.2　实验一：预动作时间与疏散策略研究——————109

5.2.1　实验设置——————————————————109

5.2.2　实验结果与讨论——————————————113

5.3　实验二：疏散标志位置与颜色对疏散寻路的影响———124

5.3.1　实验设置——————————————————124

5.3.2　实验结果与讨论——————————————126

5.4　实验三：疏散路径的视觉特征对疏散寻路的影响———129

5.4.1　实验设置——————————————————129

5.4.2　实验结果与讨论——————————————131

5.5　实验四：建筑要素对疏散寻路的影响——————135

5.5.1　实验设置——————————————————135

5.5.2　实验结果与讨论——————————————137

6　地下商业建筑人员消防疏散可计算模型

6.1　多层次分析地下商业建筑人员消防疏散行为模型抽象方法———144

6.1.1　个体疏散行为————————————————145

6.1.2　小群体疏散行为——————————————149

6.1.3　人群疏散行为———————————————150

6.2　可计算模型框架——BUCBEvac————————151

6.2.1　框架系统架构———————————————151

6.2.2　虚拟环境——————————————————153

6.2.3　Agent———————————————————155

6.3　BUCBEvac 仿真系统实现———————————170

6.3.1　系统概述——————————————————171

6.3.2　主要模块——————————————————171

6.3.3　仿真过程————————————————————————176

7　模型验证与应用案例分析

7.1　模型验证————————————————————————184

7.1.1　疏散动力学测试————————————————————184

7.1.2　实验数据验证测试————————————————————192

7.2　案例分析————————————————————————198

7.2.1　复杂地下商业建筑的人员疏散性能评估————————————199

7.2.2　地下商业建筑消防疏散性能优化设计—————————————211

参考文献—————————————————————————————219

Underground
Commercial
Buildings

绪论 1

1.1 背景与意义

1.1.1 地下商业建筑快速发展中面临的消防安全问题

我国正在推进人类历史上最大的城市化进程，城市人口快速增长带来了一系列的诸如环境恶化、居住条件差、交通拥堵等城市化问题。 地下空间的开发与利用被认为是解决各种城市化问题的重要手段之一[1-3]。 地下空间从早期的建筑地下室、车库、隧道、地铁交通等离散的利用模式正向大尺寸空间、深层利用、相互连通、功能复合性的模式发展[4]。 进入 21 世纪以来，我国城市地下空间开发快速增长，体系不断完善，已成为地下空间利用的大国，一些特大城市的地下空间在开发规模和速度上正在超越国际上许多以"地下经济"著称的城市（图 1.1）。

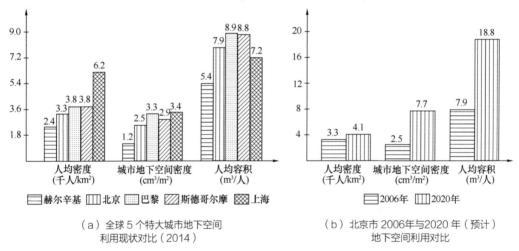

（a）全球 5 个特大城市地下空间
利用现状对比（2014）

（b）北京市 2006 年与 2020 年（预计）
地下空间利用对比

图 1.1 地下空间的开发利用情况[5]

城市功能与设施地下化的过程中，必然存在一个尖锐的问题，即地下空间面临着与地上空间显然不同的安全形势。 与传统地上建筑相关的大多数灾害和威胁也适用于地下空间。 一方面，地下空间由于存在缓冲层的弹性防御，能够有效抵御或减少大部分常见的自然灾害和部分人为灾害，包括地震、台风、污染、气象灾害、外部辐射、外部爆炸、战争等[6]，地下化的城市基础设施和生命线系统在大部分灾害中往往能够比地上运行更稳定；另一方面，对地下空间内部形成破坏的灾害事件，往往会造成比地上空间更严重的危害[7,8]，主要包括火灾、结构破坏、水灾、停电事故等[6,9]。 Sterling 和 Nelson[9] 总结了地下空间在常见灾害中的优势与缺点，见表 1.1。

地下空间在常见灾害中的优势与缺点[9]   表 1.1

灾害类型	优点或缓解能力	缺点或限制
地震	已证实地震造成的位移与破坏在地下空间迅速减少	地下空间不可位于断层位移带，出口位置遭受破坏
飓风、龙卷风	相比地上空间，地下空间的风荷载极小	出口位置遭受破坏
洪水、海啸	能较好抵御泥石流与涌浪	如果被淹没，恢复时间长和成本高
外部爆炸	缓冲层提供有效保护	出口位置遭受破坏
外部辐射、化学生物污染	缓冲层提供有效保护	需要额外的空气净化系统
内部爆炸、火灾	适当的隔离分区能够阻挡灾害蔓延	地下空间密闭性增加内部破坏风险，地下空间疏散与救援困难增加人员生命安全风险

火灾是世界各国所面临的一个共同的灾难性问题，是和平时期威胁人类安全的最主要灾害之一。 从世界各国近期的统计数据来看，所有火灾中建筑火灾占比较大，建筑火灾人员伤亡占总体火灾伤亡的绝大部分（图 1.2a）。 尽管当代建筑具备各种先进的防火措施和应急管理系统，但从近年各国的建筑火灾死亡人数统计来看，并未呈现减少的趋势（图 1.2b）。 造成火灾人员死亡的主要原因为窒息、灼烧和中毒，2016 年我国的火灾事故统计中，三者造成人员死亡的比例达到 83%。 这几类原因显然出现于建筑火灾发生后人员未能安全撤离建筑物的过程中。

我国城市地下商业建筑通常位于城市中心区域，结合人流量大的城市地下交通设施（如地铁、轻轨站），业态呈现多样性，往往兼具公共服务性质（如过街通道、城市纳凉点、地下交通体入站通道等），相互连通，形成纵横复杂的地下街道路网系统，人口和各类城市资源具有高密度属性，地下商业建筑在如此条件下，各类因素相互接触、耦合，增加了发生灾害的概率。 相对于地上建筑，复杂的地下空间往往存在以下特点[10]：

（1）人员众多且密度高；

（2）出口冗余设置有限；

（3）有限的排气和新风换气能力；

（4）分阶段开发与连接增加系统复杂性；

（5）火灾或爆炸造成的局部破坏可能引起整体损失。

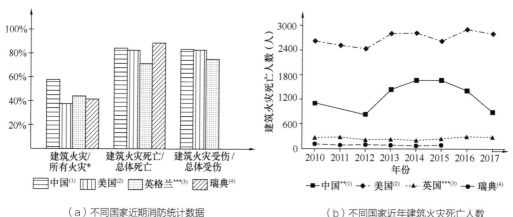

（a）不同国家近期消防统计数据　　　　（b）不同国家近年建筑火灾死亡人数

图 1.2　建筑火灾的危害性
*　　包括建筑物、公路车辆和其他室外环境的火灾；
**　　缺乏 2011 年数据；
***　　英国和英格兰的统计年份为财政年度，如图中的 2011 是指 2011 年 7 月至 2012 年 6 月。
数据来源：（1）中国应急管理部消防救援局网站，http://www. 119. gov. cn/xiaofang/hztj/index. htm，访问日期 2018-12-02，图（a）为 2017 年当年数据；（2）美国国家防火委员会网站数据统计与共享页面，https://www. usfa. fema. gov/data/statistics，访问日期 2018-12-03，图（a）为 2017 年当年数据；（3）英国政府网站火灾数据统计与共享页面，https://www. gov. uk/government/collections/fire-statistics，访问日期 2018-12-03，图（a）为 2017 财政年度数据；（4）瑞典国防部民防准备局数据共享网站，https://ida. msb. se/ida2，访问日期 2018-12-03，图（a）为 2015 年当年数据。

对于内部发生的火灾事件，地下商业建筑的本身属性和防灾弹性虽然有积极的方面——可以通过合适的防火分区划分阻断灾害蔓延，但面临的挑战更是显而易见——这些特征增加了灭火、疏散和救援的困难度，人员的生命安全风险更高。据统计，1997～1999 年间，我国年均地下建筑火灾发生次数为高层建筑的 3～4 倍，火灾死亡人数为高层建筑的 5～6 倍[11]。近年来，随着安全意识提高，地下空间相关法规制度不断完善，采取了更严格的防火措施，火灾事故的各项数据开始逐渐递减。与地上商业建筑相比，地下商业建筑的消防安全法规在以下方面通常更严格：

（1）监测与报警系统；

（2）通风与排烟系统；

（3）更严格的防火分区划分；

（4）更高标准的消防设备与救援装置；

（5）更多的疏散通道与出口冗余；

（6）消防管理、监督与培训；

（7）火灾紧急情况下的应急管理与干预。

随着项目的复杂化，这类绩效式规范指标体系不仅限制了设计创新和地下空间的舒适性，人员疏散的评估也变得更加复杂。从本质上看，这类更严格的措施仍然沿用了地上建筑消防安全研究的结论，在技术层面和管理层面对地下商业建筑消防基础设施稳健性和鲁棒性的提高是显而易见的。但在火灾疏散过程中，地下空间与地上建筑存在显著的区别，比较严峻的问题包括：①地下空间火灾中的烟雾总是随着疏散方向前进，在疏散过程中，被困人员将越来越多地遭受烟雾的伤害，因此地下建筑的必要疏散时间不应该与地上建筑相同，即不应按照燃烧对结构和材料破坏的速度来决定；②在地下环境中，人的方向感变差，对疏散出口的寻找更为困难[12]，地下空间越复杂，疏散寻路的难度就越高，疏散人员的心理压力也越大；③地下商业建筑的疏散响应时间分布与地面建筑存在区别[13]。

从建筑火灾的主要致伤致死原因来看，被困人员自主决策疏散的可能性应是建筑消防安全的一项关键特性。我国地下商业建筑消防安全政策是否能够很好地支持火灾情形下被困人员做出正确的响应决策目前还不得而知，因为在本质上这是一个心理学范畴的问题，而当前的政策主要是基于地上空间的研究结论，况且这些研究也未充分考虑人在建筑火灾中的环境行为和心理学问题。从地下商业建筑与地上商业建筑在空间环境和消防特性上的差异来看，现有消防政策存在潜在风险[11,14,15]。

1.1.2　消防安全工程领域从技术性观点向行为学观点转变的趋势

疏散逃生是建筑物发生火灾时保障人员生命安全的最有效手段，长期以来，消防安全工程领域的研究侧重于技术性的观点，即强调通过技术手段控制火灾的发生、蔓延以保障人员安全。随着对现代建筑消防安全认识的加深，人们逐渐认识到消防安全政策应符合人类在火灾发生时的实际行为。人员消防疏散行为是一门较新的研究学科，20世纪50年代，美国科学家首次对建筑中人员消防疏散行为进行科学研究[16]。早期研究的焦点集中在建筑消防疏散过程中的关键区域（如走廊、台阶、门等位置）对人员逃生机会的影响，在方法上这一阶段主要是从运动行为学角度出发，运用流体力学等知识对人群的密度、速度等关系进行建模，进而揭示建筑物设计对逃生机会的影响[17]。通过这些调查与研究获得的知识对各国建筑消防安全法规产生了重大影响，如对疏散楼梯、门、通道的数量及最小宽度的约束，相关研究结论目前仍在影响当代的建筑消防安全法规。20世纪70年代开始，人员行为的差异性，多样性开始被重视，逐渐开始从心理学角度研究和阐释人员消防疏散行为，特别是在疏散过程中的行为，传统法规中将人群单纯以流体的方式考虑和计算的方法开始被质疑，研究者开始探讨并建立整合人员行为与建筑安全消防工程的理论与方法。Sime[18]和Bryan[19]等学者开创并发展的AEST/RSET模型是目前应用最成功的理论模型，该模型以时间为核心，整合了建筑火灾疏散撤离中的火灾防护工程与人员生命安全，目前已广泛应用于各国/组织的消防性能化设计标准中。

人员在面临紧急情况时，往往表现出与平常状况下不同的行为。过去数十年来，不同领域的学者从不同角度研究这些行为模式的规律，并试图寻找影响火灾中人员行为改变的关键因素。研究已发现，在紧急情况下，人员的行为通常为可分类或可认知的模式，例如尽管存在更容易到达或更安全的出口，相当一部分人员仍倾向于从来时的出入口撤离建筑[20]；火灾大小的差异通常与火灾发生前及发生期间人员的行为有关；在火灾事件中频频发生已逃离建筑的人员又返回火场的行为[21]。同时许多旧有的概念（甚至其中部分曾用于或正用于消防安全政策实践中）被推翻或被重新认知，表 1.2 为一些典型的传统消防安全观念与研究中发现的不同观点。

传统消防安全观念与人员消防疏散行为研究中发现的不同观点　　表 1.2

传统观点或假设	人员消防疏散行为案例研究或实验的结论
人们能够认识火灾危险	火灾发生中，许多人对于自身危险性的认知低于真实情况的严重性
一旦听到火警，人们就会疏散撤离	在真实事件和实验中，并不是所有人听到火警会立刻撤离[22]，同时人员互相告知的社会线索影响比消防警铃更强[22,23]
人员在疏散撤离中会遵循疏散标志按照预设的逃生路线撤离（当前消防政策中的一项关键假设）	一项针对 400 起疏散事件的调查显示，92%的幸存者并未注意到任何疏散标志[24]
人员会选择最近路线进行撤离（当前消防政策中的一项关键假设）	对疏散出口的选择不同人员有不同的偏好，部分人员会选择其熟悉的路线，部分人员会根据个人经验（如可见自然光、烟雾、空间特征）判断可能的出口[25]
人员的疏散行走速度仅与密度相关	人员在火灾中的行走速度与空间环境、烟雾和心理等均有关系，调查发现，真实火灾案例中人员的疏散行走速度比试验环境中慢得多[26]
电梯与自动扶梯不能用于消防疏散（当前消防政策中的一项关键假设）	火灾紧急情况下（尝试）使用电梯或扶梯的事件经常发生。据估计，"9·11"事件中，原世贸中心 2 号楼在灾难发生后的 16min 内，大约 3000 人通过电梯成功逃生[27]

由于相关研究和数据的缺乏，目前我们对这些行为模式和影响机制还未能形成一个完整、全面的理解模型，对人员消防疏散行为的研究仍以研究孤立的"行为事实"为主，而不是在一个连贯的框架下进行。将片面的、不完整的要点纳入仿真模型中对火灾情形进行预测得到的结果，可能与实际人员响应及疏散情况有较大差距。如同完成一个完整的

　　　　　　　　　　　　　　　　　　　　　　　　　　　地下商业建筑人员消防疏散行为与建模

拼图需要每一个碎片，对这些离散的"行为事实"进行研究是解释人员消防疏散行为的必要步骤。基于风险评估的建筑消防设计法规（特别是目前广泛运用的性能化设计方法）的推广以及强大的计算机仿真和人工智能等技术方法的出现，为人员消防疏散行为研究和应用提供了动力。对人员疏散过程的模拟与仿真已成为在设计阶段评估建筑消防安全的重要工具。但这一学科发展较晚，跨领域较多且复杂性较高，目前我们对人员在真实火灾情况下的行为表现认识不足，甚至可以说知之甚少[17]。

对人员消防疏散行为的研究长期以来集中于住宅和一些常规的人员密集建筑，如体育馆、电影院、音乐厅、学校、医院、酒店、交通建筑、商场等，过去十年中，已经开展了部分地下建筑和地下基础设施的消防安全行为研究，但这些研究集中于线性结构的地下隧道与大型地下交通枢纽，对发展迅速的地下商业建筑内人员消防疏散行为研究较少。

1.1.3 建筑设计师对实际项目中疏散性能评估的需求

地下商业建筑项目不断深层化、规模化、复杂化的背景下，人员疏散评估与空间设计对设计者而言越来越难以分为两个独立的问题考虑。长期以来，建筑师对设计项目进行消防疏散评估的工具十分有限，在复杂的地下公共环境中，疏散情况比普通地上建筑要更加困难，而建筑师仅能依照绩效式的规范条款来完成，现有疏散评估软件或模型通常依赖复杂的专业知识和计算能力。目前，市场实践中的性能化项目设计的空间环境设计和人员疏散评估环节是分离的，两者的脱节不仅增加了整个设计进程的难度和时间，在沟通不完善的情况下可能对项目的整体安全性、经济性等造成损害。

作为地下商业建筑工程项目设计中的最重要参与方，建筑师一直在积极地寻求简便、有效的人员疏散评估方法，以便在设计初期揭示项目中潜在的消防安全问题并及时更正。易用的可视化仿真模型可以让建筑师在项目设计初期方便评估项目的消防疏散性能，预测在设计条件下产生疏散瓶颈的区域和原因，以改善项目的空间设计。

性能化设计中对生命安全的评估依赖于计算机模型或数学公式计算的人员疏散时间和火灾防护时间。目前使用最广泛的模型为 ASET/RSET 模型（图 1.3），可用安全疏散时间（ASET）是指从火灾发生到造成致命环境的时间，人员必要疏散时间（RSET）是指从火灾发生到建筑物中人员完成疏散所需的时间，设计项目需满足 ASET> RSET，以保证安全时间裕量。AEST 是一个纯物理过程，是火与建筑内的材料及结构交互作用的阶段。火灾燃烧与探测科学的研究与应用技术已较为成熟，不同的性能化设计规范中都详细规定了致命环境极限值的计算方法，根据烟气层达到一定高度、火灾产生的热量阈值、有害物质释放的时间、建筑结构坍塌时间等多个因子综合确定，可参考美国消防工程师协会（SFPE）、英国标准协会（BSI）、国际标准化组织（ISO）等组织的标准及我国的性能化设计标准《消防安全工程指南》GB/T 31540 和《消防安全工程》GB/T 31593，目前已有较为成熟的技术方法来控制这些变量。

图 1.3 性能化设计中的 ASET/RSET 模型

因此在性能化设计中，对 RSET 的评估是一个核心部分，而我国目前在实践中，对人员疏散评估存在许多问题，缺乏对人员行为的底层研究和基础数据库，标准中仅阐述了相关原理，人员疏散评估缺乏实践性指南，相关软件不具备对人员行为的仿真，导致在市场实践中通常将人员疏散评估过程作为一个纯物理层面的人员群体流动过程，基于疏散出口和防火分区，模拟人员选择最短路径或规定路线撤离建筑。图 1.4 为西南某会展建筑的人员疏散计算模拟，该模拟中每个虚拟人均按照最近出口选择路径，除此之外也未考虑在

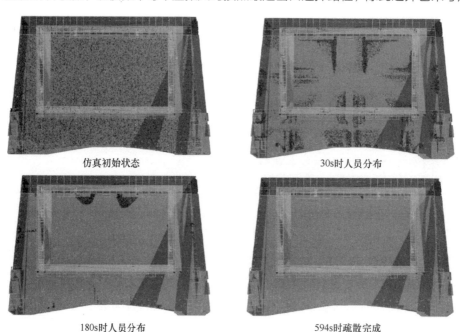

图 1.4 西南某会展建筑性能化设计人员疏散评估

建筑真实布展使用过程中的内部路径分布情况。这种计算方式的潜在风险是显而易见的，即 REST 的预测被低估。

人员对火警的响应时间和人员在撤离过程中消耗的时间不仅取决于人员的移动速度、人群在不同密度情况下的动力学表现，同时与人员的行为紧密相关，包含人员对火灾响应决策的心理学过程、在疏散行动中的寻路选择等。在地下商业建筑中，这些过程与特定空间特征和环境特征密切相关。因此，用于地下商业建筑人员疏散评估的模型或软件中需要恰当地考虑人员心理层面因素，提升对人员疏散时间预测的准确性，保障项目的消防安全。

1.1.4 人员消防疏散行为研究与建模新的技术契机

人员消防疏散行为研究的最大问题在于无法创造真实的实验研究环境，而已有案例通过适当手段存留下来的数据资料极少，因此，该领域中的研究通常采用启发式的研究方法。在该领域常用的实证研究方法有：案例研究、假设研究、场地实验、消防演习等。这几类研究存在一些显著的缺陷：

（1）火灾案例提供了真实的数据，但通过适当手段存留下来的数据资料极少；

（2）在火灾紧急情况下，人员的首要目标是安全撤离，对事件的观察不可能成为优先事项；

（3）对幸存者问卷调查具有因时间间隔造成的记忆偏差、社会期许误差等信度问题，且存在伦理风险；

（4）实施消防演习需要动员大量人员，占据大量空间场地，耗资大，而且实验效度低，难以控制各种实验变量；

（5）消防演习中人员因不承受威胁压力，重视度不够，很难重现火灾事件中的真实情况。

严肃游戏（Serious Games,SGs）①研究需要创造尽量逼真的假设场景和恰当的交互手段以获取人员在设定状况下的行为或心理决策。人员消防疏散行为研究中通常采用虚拟现实（Virtual Reality,VR）技术来实现 SGs 研究。近年来研究人员在人员消防疏散行为研究中采用 SGs 方法获取心理学层面知识的兴趣越来越大。尽管该方法尚未得到令人信服的验证，但多项评论指出采用 VR 进行人员消防疏散行为实验是一种极具潜力的新研

---

① 严肃游戏（又称功能游戏）是一种设计主要目的为非纯粹娱乐的游戏。这个"严肃"通常指用于防卫、教育、科学探索、医疗保健、应急管理、城市规划、工程、政治等行业的电子游戏。这类游戏与模拟类游戏相似，但更强调趣味与竞争性带来的教育价值。

究方法。 VR 软硬件技术在过去几年中取得了巨大的突破，面向家用和娱乐市场的产品在沉浸度上超越了传统的实验室用的昂贵 VR 系统，这为本研究能够以较低成本实现带来了技术契机。

人类在火灾疏散过程中的心理学决策过程模型实现的最大难点在于行为的潜在影响因子众多，传统统计学方法需要极大量的样本和复杂的数据分析来判别各个变量之间的关系。 因此现有疏散模型都难以实现真正的行为仿真，而依赖用户的输入。 近几年来迅速发展的机器学习技术是人工智能的一个主要分支，机器学习抛弃了传统统计学中根据背景科学理论筛选变量，然后对因子进行假设验证的方法，而是侧重分析所有可能变量与结果之间的相关性。 这种方法能够很好地消除疏散行为研究中带入的主观假设影响，充分揭示实验数据和变量之间的潜在含义，更充分体现实验数据的真正含义。

1.2　基础理论及研究进展

1.2.1　人员消防疏散行为基础理论

人员消防疏散行为研究与火灾安全的其他研究领域相比，是相对较新的一门学科。人类文明自诞生以来一直在与火灾进行抗争，基于经验与研究不断更新工程上的防火知识，自 20 世纪 50 年代开始，学界才正式开展对人类在火灾中的行为（Human Behavior in Fire，HBiF）研究，并逐渐用于工程实践中。 美国消防协会（NFPA）前首席科学家 Hall [28] 认为在人类行为与火灾关系的研究中，有 3 个关键领域：

（1）引起或防止发生火灾的行为；

（2）影响火灾的行为；

（3）增加或减少人类火灾伤害的行为。

本书从安全工程设计方向关注人类在火灾事故中的疏散撤离行为，即人员消防疏散行为，主要属于 Hall 所指的第三个领域。 也有学者认为，火灾行为研究中的 3 个领域并不能完全隔离开来，如消防救火对火灾疏散至关重要，同时疏散撤离过程中的人员行为（如与火灾安全设备的互动，开/闭防火门）也有可能影响火灾本身 [29]。

人员从危险区域撤离的过程被称为疏散，许多学者试图对建筑物疏散过程建立一个综合的人类行为模型 [30,31]，近期的研究大部分都从个体行为层面来研究疏散问题，包括对威胁的识别和感知、疏散过程中的个人决策等。 疏散研究的另一个重要特点是它们通常是针对火灾的研究，因火灾在人类灾害中发生的频率显著高于其他灾害，并且火灾的发生与地域文化特征没有较大的相关性。 灾源类型对疏散行为有一定影响，但不同灾害中人员的疏散行为存在许多共同特征[32]。 不同学科对消防疏散行为从不同方面进行了阐释，社会学家偏向强调推动决策结果的外部因素，心理学家强调内部因素，如价值观或经验，计算机科学家强调决策过程中的程序。 不同的研究背景下形成了对疏散行为的多种解释框架，这些框架试图解释人类在火灾中受多种内/外部因素影响下进行的决策过程与行为结果，包括以下几个方面[33-35]：

（1）人在不同疏散阶段的行为差异；

（2）人对环境的感知；

（3）从环境中搜集信息做出反应；

（4）人与人的互动影响；

（5）空间认知能力的差别；

（6）路径选择的环境影响。

本小节介绍 2 种较为主流的对人员消防疏散行为的认知和阐释模型，其中一种是由 Kuligowski[36] 提出的风险感知模型，该模型强调了人员疏散过程中的心理决策过程；另一种是由 Galea 等人[37] 提出的疏散阶段模型，该模型强调了火灾疏散中人员行为的程序过程。

1. Kuligowski 风险感知模型

Kuligowski 提出人员在消防疏散过程中的任何决策和行动过程都要经历 4 个阶段，如图 1.5 所示。

（1）阶段一：感知来自外部环境的物理因素或社会因素线索。 该阶段涉及接收线索的人员开始意识到他们所处环境中的某些情况正在发生，这个步骤通常以不确定性、错误和低效为特征。 对当前情况认识的不确定推迟了保护性行动的发生，例如造成疏散开始

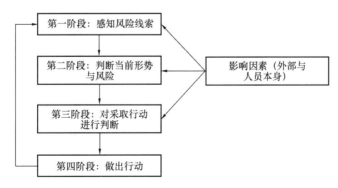

图 1.5　Kuligowski 风险感知模型[36]

的延迟[17]。 当前线索可以是与灾害直接相关的感官信息，例如看到火、闻到烟味、感到震动，也可以间接地提示信息，例如火灾报警、其他人员的告知。

（2）阶段二：基于人员自身心理解释接收到的线索。 人员试图组织和解释感知到的线索，以想象正在发生的事情。 这个阶段是一个纯粹的心理学过程，并且并非总是理性的。 许多研究都认为，人员在线索解释阶段可能出现持久和强烈的偏见，认为这仅仅是日常生活中的正常现象[38]，例如来自餐馆厨房的烟雾通常不会被解释为火灾的证据，在尚未开始撤离的时候，这种偏见的影响是至关重要的。 解释过程，不同的人有不同的偏好， Kuligowski 认为在火灾事件中有 3 种解释模式，线索解释、情景解释与风险解释，分别着重于根据对所发生的现象的物理知识、对自身和周围环境的理解、对发生事件的经验来想象目前情况对自身的威胁。 这个阶段不同人员因个人在知识、经验方面的差异而呈现较大的不同。

（3）阶段三：进行决策的过程。 人员在这个阶段会执行心理模拟以寻找可能的选项，然后选择一项。 这一阶段也是心理学过程，而且显著受到来自时间的压力，这种压力会限制个体在决策时的理性程度。 如果压力太高，人员可能会偏向于采取直觉或恐慌性的行动[39]。

（4）阶段四：基于前几个阶段的心理过程采取行动。 这种行动可能是撤离，也可能是等待，寻求进一步的信息，警告或协助他人撤离。 在该阶段中感知到其他新的线索，人员将重复这一过程。

Kuligowski 的风险感知模型并不针对疏散行动中某个特定过程，例如疏散响应过程或疏散行动过程，它循环地贯穿于人员从感知到线索到完成疏散的整个过程中，人员在疏散过程中不断感知线索，心理评估，并根据接收的线索和心理推理过程做出相应决定。 因这不是一个适宜量化的过程，Kuligowski 在此基础上根据已有研究提出了一个在疏散阶段一（感知）和阶段二（自身风险判断）的行为影响因素模型，以期将该模型用于指导实际研究（表 1.3）。

在风险感知模型的基础上有一些发展模型，例如 Linkdell 等人[40] 提出的防护措施决策模型（Protective Action Decision Model，PADM）（图 1.6）。 该模型是一个通用的灾害行为决策模型，对风险线索到人员决策行为的过程进一步细化，其中的核心是人员在灾害行动判断中的信息流动：在决策形成前，人员暴露在相应的线索信息中，这些线索本身与人员自身的经验、知识相结合，共同促成了人员风险感知的形成。 该模型也关注人员的行为反应（如信息搜索、防护型行为等），而这些行为反应通常是为了消除风险以及选择适当防护型行为的不确定性。 模型基于信息流动进一步阐述了人员对灾害线索的心理学解释过程，在接收到相关线索后，人员产生一系列对线索解释的疑问，包括：是否真的对自己造成风险，自己是否拥有相关信息，如何进一步采取行动，如何搜索信息，选择什么样的行为是恰当行为。

Kuligowski 模型应用数据库[36]　表 1.3

因素		第一阶段：感知	第二阶段：解读 Kuligowski 模型中第二阶段两种情况原文用 2a、2b 表示	
			2a:将情况定义为火灾	2b:对自己/他人风险的定义
基于职业的事件前因素	有处理火灾的经验（是）	增加	增加	增加
	有消防/培训知识（是）	增加	增加	增加
	适应环境（是）	减少	—*	—
	有路线知识（是）	—	—	减少
	经常遇到"假"警报（是）	—	减少	—
	在建筑物中有安全感（是）	—	减少	—
	有知觉残疾（是）	减少	—	—
	年龄（老年人）	减少	—	增加
	性别（女性）	增加	—	增加
	说着和别人一样的语言（是）	增加	—	—
	与家人有频繁的互动（是）	增加	—	—
基于职业的事件因素	有更高的压力/焦虑水平	减少	—	—
	感觉到时间的压力（是）	减少	减少	增加
	感觉到来自他人的压力（是）	减少	—	增加
	接近火源可视通道（是）	增加	—	—
	在睡觉（是）	减少	—	—
	更多的行为过程（＞1）	—	—	—
	将情况定义为火灾（是）	—	不适用	增加
基于线索的因素	更高数量的线索	混合**	—	增加
	一致的提示（是）	—	增加	增加
	明确的暗示（是）	—	增加	—
	社会线索（其他人的行为）是一致的	—	增加	增加
	了解火灾情况（是）	—	—	—
	官方资料来源（是）	增加	增加	—
	熟悉的来源（是）	—	增加	—
	更高剂量的有毒气体	—	—	—
	极端密集线索(是)	—	—	增加
	视觉/听觉提示（是）	—	—	—
	风险信息（是）	—	增加	—

* 未发现研究的区域标记为"—"，** 研究与该因素的影响方向相冲突。

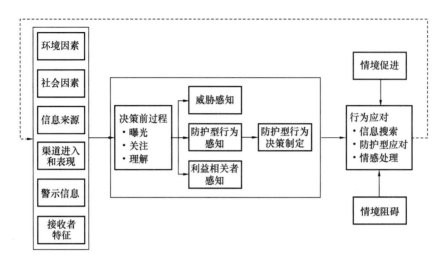

图 1.6　PADM 防护措施决策模型[40]

2. Galea 疏散阶段模型

Galea 等人提出的疏散模型[37]不同之处在于该模型将疏散过程分成了响应阶段和疏散运动阶段两个大的阶段（图 1.7），描述了在必要疏散时间（REST）内的人员疏散决策过程。

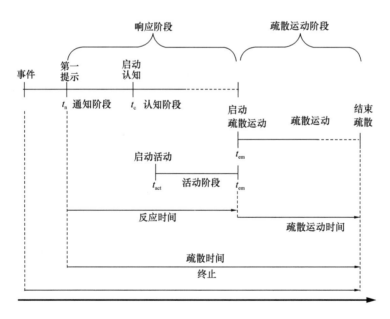

图 1.7　Galea 等人提出的疏散模型[37]

　　地下商业建筑人员消防疏散行为与建模

响应阶段，包括 3 个子阶段：通知阶段、认知阶段和活动阶段。 可以认为这 3 个子阶段与 Kuligowski 模型的阶段过程类似。 在通知阶段，向人员传达了正在发生的异常事件或潜在危险事件，因此人员必须撤离。 通知阶段结束后进入认知阶段，这类似于对线索的解释和决策。 Galea[41] 将人员的认知决策分成了 3 种类型：

（1）类型 1：提示不够强烈或不清晰，无法传达给人员立即撤离的信号，因此他们会继续原来的行为，直到新的提示出现，再次认知并持续到出现其他两个可能的类型之一为止。

（2）类型 2：人员了解疏散的必要性。 他们停止其他任务，开始疏散行动，不再进行任何其他活动。

（3）类型 3：人员意识到环境中正在发生潜在危险的事情，开始积极探索进一步信息（活动阶段）或采取相应活动，直到出现类型 2。

类型 2 的决策直接导致人员的疏散行动，而类型 3 将使人员进入活动阶段。 活动阶段在认知阶段内发生并相互影响，直到开始疏散。 在活动阶段，人员可能进行一系列的信息搜集活动或者其他非疏散的行动，包括：搜集整理个人物品、关闭电器、参与灭火、通知他人等。

在响应阶段的报警到疏散开始的时间称为疏散延迟，我国通常称为预动作时间。 在建筑内的消防疏散中，它从几秒钟到几分钟不等，许多事故报告中，预动作时间甚至长于疏散运动的时间。 因此预动作时间对预测建筑内的消防疏散时间至关重要。

在疏散运动阶段，人员将执行一系列离开建筑物的动作。 在该阶段最重要的因素是寻路，寻路代表了人员在建筑物内找到一条安全的路径并顺利到达正确出口位置的过程。 寻路受到多种因素影响，包括室内环境特征、人员对建筑物的熟悉程度、对标志系统的认知等。 疏散寻路是人员消防疏散行为中的一个重要子领域，与本书研究密切相关。

1.2.2　地下商业建筑消防安全设计与人员行为

全世界绝大部分的消防安全工程项目以人类生命安全为第一目标，当前世界范围内建筑防火设计体系主要有两类，其一是以条款进行"绩效考核"的设计规范体系，其二是基于风险分析评估的性能化设计。 这两类设计体系都围绕着两个核心因素：技术性防控火灾和保障人员疏散安全。

1. 消防安全设计规范

现代建筑消防安全法规始于美国保险行业的主导，1905 年美国联邦政府颁布 NBC

条例[42]，其诱因是 1872 年波士顿大火造成的财产损失导致美国 70 多家保险公司被索赔[43]。 时至今日，全世界绝大部分国家都颁布了建筑物防火设计法规，对疏散安全设计的约束通常有以下几点：

（1）如何警示人员火灾的发生；

（2）消防疏散引导流程；

（3）对人员疏散安全行为的培训；

（4）对消防管理人员的救火，引导疏散流程制定及培训；

（5）有利疏散的建筑物空间设计。

Blaich[44] 认为，现行的消防安全疏散规范中对人类火灾疏散行为的考虑仅体现了早期的一系列人群疏散速度、密度和流速的研究成果。 设计法规对空间设计的约束中通常从建筑平面布局、防火分区大小、疏散距离、疏散出口数量/宽度、疏散楼梯数量/宽度等方面规定相应建筑类型或防火等级应达到的最低标准。 Bukowski[45] 回顾了美国建筑消防疏散法规中的关键数据与疏散行为研究的关系，发现规范中涉及疏散行为的关键数据——疏散口最小宽度自 1935 年以来从未发生改变[45]，44 英寸（约 1100mm）最小出口宽度的数据从未受到有效挑战，该数据的选用初衷是为了并行通过 2 个成人，其数据来源于美国士兵并排站立的肩宽。 美国国家标准技术研究所的报告中解释了建筑疏散出口宽度计算公式的科学依据，其主要参考了 Lane model、Capacity Method 和 Flow Method 等模型和方法，来自于 20 世纪 50~70 年代 Pauls[46] 和 Fruin 等学者的研究成果。

当前各国的消防安全规范与人员疏散相关条款设定依据大致可分为最大人数法与风险分级法。 20 世纪 60~80 年代，Pauls 等学者[46,47] 搜集了大量的各类型建筑中人员消防演习获取的数据，分析认为采用行人通过宽度 22 英寸 （约 558mm） 下行楼梯时的流速为 45 人/min，通过宽度 22 英寸门时的流速为 60 人/min 为可信数据[39]，并重点计算了在建筑各区域人员流速与密度的关系[47]。 此类研究结果是消防法规制定的主要依据，最大人数法根据建筑内每层人员人数，确定通道、楼梯、门等处的宽度和走道的长度，如英国建筑法规[48]（The Building Regulations 2010，但英国的建筑设计必须同时满足其性能化设计标准）中疏散出口宽度设计不应小于表 1.4 中给出的数据。 包括我国在内的许多国家在消防安全法规中采用风险分级法设定与人员疏散安全的相关条款。 风险分级法根据建筑高度、类型、重要性、耐火等级等在人员疏散安全基础数据上增加一定的冗余设置，对建筑消防安全的风险分级划分的依据往往包含了 3 个关键的内在因素：建筑重要性、建筑使用特征和火灾增长特征[49]。

英国建筑规范中人数与消防疏散出口最低值[48]   表 1.4

最大人数	最小出口宽度
60	750mm
110	850mm
220	1050mm
超过 220	增加 5mm/人

近年的一些研究对当前规范体系中以疏散演习为基础的人员行为数据提出了挑战。日本学者 Togawa[50] 的一系列研究认为当每平方米行人超过 1 时，行人流速将下降，他建议规范中应采用 22 英寸出口 26 人/min 的数值；Pauls[46] 和 Fruin[51] 在 20 世纪 70 年代的研究中提出有效宽度的概念，认为在人和墙壁或扶手间设置边界净空，以保证疏散过程中的侧体摆动和身体平衡，Pauls 提出单股人流应考虑设置 30cm 的摆幅宽度[52]，摆幅宽度的研究结论已被纳入当前的消防安全政策中；Pauls 和 Fruin 等人[53] 后期研究中指出在典型疏散密度情况下 22 英寸楼梯的行人流速为 27 人/min，与他们早期的研究相差甚多，与日本学者 Togawa 的数据相近；美国国家标准与技术研究院（NIST）发布的"9·11"报告中，世贸中心 1 号楼一个宽 44 英寸（约 1100mm）的楼梯在 102min 内疏散 2630 人，流速为 13 人/（min×22 英寸），报告提出人群流量在大楼倒塌前 20min 明显减少，假设 2630 人在 82min 内疏散完成，流速为 16 人/（min×22 英寸），比规范中所采用的值低 50% 以上[54]；Templer[55] 从定量（速度、人员碰撞）和定性（舒适度）两个角度，指出建筑疏散楼梯和通道最小宽度应为 56 英寸（约 1422mm）。

综上，建筑消防安全规范体系中对人员行为的应用十分有限，主要体现在对安全疏散路径的保障，特别是疏散道路、楼梯和出口的数据限定。 一方面，人员消防疏散预动作延迟、寻路差异等已被证实会明显影响疏散时间的行为因素没有纳入建筑消防安全规范体系的底层设计中；另一方面，现行规范中所采用部分数据来源和基本假设可能与真实状况存在偏差，主要体现在：①未能考虑不同类型建筑和场景中的疏散流量特征及非线性变化特征[46,51]；②以国外演习为基础的行为数据没未能充分考虑地域、文化、年龄等人员差异问题；③未考虑环境、心理和社会等因素对人员疏散行为的影响。 当前的规范体系在具体数值设定上往往是有冗余的，过去几十年的实践证明消防安全规范依靠风险分级、容差性等设计满足了大部分情况下的建筑消防安全要求，但风险也在持续暴露，灾害、恐慌踩踏等事件持续被报道，不合理的建筑物设计可能是潜在的诱因。

2. 性能化设计

当代建筑物高层化、大型化、复杂化、立体化、高密度，结构创新和多功能复合发展的趋势促进了建筑防火性能化设计（以下简称"性能化设计"）的发展。其起源于 20 世纪 70 年代，经历了对象化设计（Objective Design）、面向性能设计（Performance-oriented Design）等思潮[56]，20 世纪 80 年代中期理论逐渐成熟。英国、瑞典、美国、中国等国家的学者将性能化设计理论方法发展成一套设计评估框架起了重要作用[56]。当代性能化设计是以风险评估为主要手段，对建筑物的火灾危险性，以及火灾中的生命安全和经济性等方面开展综合的量化评价，以达到所设定的一系列性能目标。目前在各国制定的指南或法规中，性能目标、评价方法和步骤存在一定差异。

与传统的设计规范相比，性能化设计被认为具有诸多优点，主要包括[57,58]：

（1）不用拘泥于保守的条款，具有提高工程项目经济性的潜力；

（2）促进了建筑设计中新材料、新工艺、新技术和新设计理念的运用；

（3）防火设计更合理化和科学化，建筑物在防火安全方面更有保障；

（4）适应当前建筑物高层化、大型化、复杂化和高密度的发展趋势；

（5）加强设计人员的责任感。

性能化设计中兼容了火灾防护工程（Fire Protection Engineering）和消防安全工程（Fire Safety Engineering）两种工程理念，不同的规范体系具有不同的侧重点。大部分的性能化设计体系基于建筑物的用途划分了不同的首要目标，主要有：生命安全、财产保护（如博物馆、数据中心、图书馆等高价值物品的储存建筑物或设施）、环境保护和建筑本身保护（如历史建筑）。Buchanan[59] 认为目前性能化设计目标总的趋势上正在弱化财产保护转向更重视生命安全，生命安全目标的实现主要是通过保障建筑从起火到损毁的过程中，人员有足够的时间撤离或到达安全场所。通常的方法是以时间为准则，评估火灾中人员的可用安全疏散时间（AEST）和必要疏散时间（REST），性能化设计标准或指南如 NFPA 101、BS 9999、澳大利亚防火工程设计标准和我国的《消防安全工程》GB/T 31593 均采用此方法。

相对于规范体系，性能化设计中的人员疏散评估中更多地考虑了人类的行为因素。以我国的《消防安全工程 第 9 部分：人员疏散评估指南》GB/T 31593.9—2015（以下简称《指南》）为例，其中对人员在疏散过程中影响行为的重要因素进行了介绍，并提供了某些因素在计算时可采用的数据。《指南》中进行一项人员疏散评估工作需要做以下工作：

（1）定义建筑特征和安全疏散策略；

（2）分析人员特性并确定初始数据；

（3）通过火灾模拟的动力学特性做运动时间假设，确定火灾烟气及热量的影响因素；

（4）分析消防干预的影响；

（5）计算人员疏散运动时间。

就《指南》而言，主要有以下问题：

（1）总体上，人员疏散的评估偏向于逻辑阐述，缺乏一套完整和明确的方法。这也是目前性能化设计中有关行为预测存在的共同问题，虽然有大量的模型被开发出来，但目前还没有一套被公认的有效模型。对此，部分国家，如日本，采用了明确的公式计算方法而不是计算机模型。

（2）对于人员疏散过程中的影响因素，绝大部分只是进行了定性分析，这是由于目前数据缺乏导致的。一些关键因素如烟雾对寻路的影响仅进行逻辑介绍[60]，设计师可能会偏向于不考虑这些因素。

（3）我国缺乏基础数据库，《指南》中的建议数据主要来自国外研究，将其直接用到我国的建筑防火安全评估中可能存在误差。

（4）由于缺乏明确的人员疏散评估步骤和方法，管理者对设计方案的认证工作没有一套量化的标准，通常是组织专家进行认证，会存在一定的主观因素影响。

可以认为整个评估法则较为离散地考虑了火灾发生后人员在建筑内的各阶段疏散时间和影响因素，在总体上是偏向理论和定性层面，缺乏一套完整的评估方法或案例阐述，我国设计师要将这个方法应用到实际项目中还存在许多困难和障碍。此外，我国消防安全工程设计师通常采用国外的商业模拟软件如 STEP、SIMULEX、PathFinder 等进行人员疏散评估，该类软件通常为适应国外某些性能化设计评估流程而开发，源代码封闭无法被审查，同时内置数据为国外人员的基础数据，这些因素都可能导致评估结果与实际情况存在误差。

1.2.3　人员消防疏散行为研究方法

人员消防疏散行为研究面临的主要挑战之一是采用合适的研究方法获取高生态效度且具有实验控制变量的研究数据[61]，该研究不可能在真实的环境中进行，只能采用启发式①研究方法。本节将对比该领域现有各种实证研究方法的特征，其中 SGs 作为一种低成本、具有高度可控性和高内部效度的新研究方法，将重点评述其作为一项研究工具在人类火灾研究中的定位以及在本研究中的可行性。

———————————

① 通过假设、虚拟情景或案例分析等方式从侧面来推测事情的真相。

1. 现有主要研究方法及特点

Kinateder 等人[62]和 Lawson[63]分析并总结了目前用于人员消防疏散行为的各种研究方法。 目前在该领域的主要实证研究方法有： 假设研究、案例调查、实地研究、场地实验、消防演习和严肃游戏。

（1）假设研究。 通过展示视频，或者只是想象处于火灾场景下，询问参与者的行为反应，通常采用采访或问卷调查形式。 其中一种特定的方法为专家问卷[64]。 假设研究中的数据获取总是主观的，因为其反映的是参与者的个人观点、知识或经验。 假设研究中的数据容易产生认知偏差[65]。 但通常认为，对于经历过火灾疏散事件者的问卷调查以了解其如何经历事件及重建事件链非常有用。

（2）案例研究。 对真实火灾紧急疏散案例的描述性、解释性或探索性分析与研究，来自事件经历者的主观报告或经由摄像头等技术设备记录的影音资料。 案例研究存在比较明显的缺陷： 火灾案例提供了真实的数据，但通过适当手段存留下来的数据资料极少； 在火灾紧急状况下人员的首要目标是安全撤离，对事件的观察不可能成为优先事项，因此无法成为常规研究方法； 对幸存者问卷调查有记忆偏差、社会期许误差等信度问题，且存在伦理风险； 案例研究中虽然存在人员与真实火灾压力的对抗，但这种类型的调查是由事件本身决定的，而不是由对特定知识需求驱动的。

（3）场地实验。 现实世界场景被转移到实验室的受控环境中。 可以通过设置自变量来测量火灾紧急情况中的行为因变量（如生理数据、环境特点与行为），用实验方法研究其因果效应。 场地实验中，必须将参与者随机分配到至少 2 个实验条件中，仅 1 个条件（自变量）变化。 一方面，场地实验研究的生态效度与实验环境的真实程度有关；另一方面，在伦理道德上是可接受的至关重要，也就是说，实验中需要使用实验者不受到伤害（生理上和心理上）的压力源或线索刺激。

（4）实地研究。 紧急情况在实验室外的真实环境中重现。 与实验室环境不同，实地研究通常在不太受控制的环境中进行（尽管某些基础设施如公路隧道是高度可控的）。与实验室场地研究和 VR 实验类似，实地研究同时记录主观（问卷或访谈）和客观数据（行为记录）。

（5）消防演习。 在特定的真实环境中进行事先声明或未声明的疏散练习，与实地研究非常接近，但消防演习的重点是对应急预案进行演练或培训。 消防演习通常不设置对照实验，在研究人员介入的情况下，允许在特定位置对疏散人员行为进行记录和观测，也可获取参与者的主观报告数据。 消防演习的成本一般较高，而且考虑到参与者的安全，一般需要事先准备各种应对和干预措施。 未声明演习被认为能够获取更真实的人员在应急状况下的行为数据，但基于伦理、成本和实验安全等考虑，这类实证实验很少。

（6）严肃游戏。 通常采用 VR 技术进行实验研究，参与者可以面对模拟的火灾紧急情况。 可以以高度可控的方式向参与者呈现火灾紧急情况的模拟。 VR 实验可以自动精确地搜集参与者的行为数据、生理数据，也可以主观方式搜集数据。 与其他方法相比，如消防演习相比，压力源（如火焰、烟雾）的呈现不存在太大的伦理压力。

由于缺乏可验证的数据，人员消防疏散行为几种实证研究方法尚难以通过方法的信度和效度等指标进行直接的量化对比。 作为一项需要大量数据支撑的研究，实验方法的成本和效率本身一直是研究者在选择研究方法时关注的重点。 基于现有的多项相关研究，表 1.5 从研究方法的实验控制程度、实验设置、数据搜集类型、效度、信度、成本、伦理等方面对现有研究方法进行描述统计对比[17,62,63]。

人员消防疏散行为研究几种实证研究方法描述性对比[17,62,63]　　　　　表 1.5

	问卷调查	案例调查	场地实验	实地研究	消防演习	严肃游戏
场地	实验室	真实环境	实验室	真实环境	真实环境	实验室
实验控制	高	无	中	低	无	高
创造压力环境	无	能	有限	有限	有限	中
生态效度	低	高	中	中	中（未声明演习高）	中
内部效度	与问卷设计相关	高	中	低	低	高
创建对照组的可能性	能	不能	能	有限	不能	能
时间与资金成本	低	中	中	高	高	中
自动搜集数据的可能性	能	不能	有限	有限	有限	能
信度	低	好	中	中	好	中
敏感性	中	好	中	中	中	好
伦理	好	中	中	好	中	好

在该领域，支持或反对哪种研究方法来解决具体问题向来存在争议。 上述对比反映了各项研究方法均存在不同程度的优势或劣势，可以认为，不存在某种研究方法在各方面均优于其他方法。 研究人员消防疏散行为时，研究者需要考虑不同研究方法的特性和限制，例如必要程度的实验控制、场地设置选择、需要的数据类型、影响因素种类以及成本和资源等，基于综合的考虑来选择合适的研究方法。

2. 严肃游戏方法

在过去 40 余年中，视频游戏越来越多地取代传统游戏成为人们喜爱的休闲活动，目前这种兴趣仍在迅速增长。 近年来学者试图探索视频游戏的积极方面，其中对游戏与学习相关联的研究越来越多，并且开发了各种模型来识别游戏在不同领域的学习效果。 游戏在单纯娱乐之外目前已经在不同领域中得到正面应用。 严肃游戏方法当前主要采用 VR 技术，基于计算机生成虚拟三维空间，通过相关设备提供给使用者关于视觉、听觉、触觉等感官的模拟系统，让使用者感觉身历其境，可以即时、没有限制地观察三维空间内的事物[66]。 目前已被广泛用于培训、教育、科研、工程、工业制造、娱乐等众多领域。

在人体工程学领域，20 世纪 90 年代初，科学家便考虑使用这项技术来研究社会互动现象[67]，随后随着软硬件技术发展，逼真场景的易创建性让研究者开始使用 VR 技术作为空间认知[68,69]和学习[70]工具。 Bertol 等人[71]系统研究了 VR 辅助建筑师在建筑设计中的应用，指出 VR 是一种极具潜力的计算机辅助建筑设计工具。 Kort 等人[72]也指出 VR 将是未来环境行为学研究中的主要工具。

近年来 VR 技术在可能危及参与者安全的研究或培训领域得到进一步发展，如飞行或航空训练、体育赛事（如 F1）、救援培训、向儿童传授安全技能[73]等。 在火灾疏散行为研究中，目前已有数十项采用 VR 技术，研究者均认为 VR 是用于火灾紧急行为研究的有效工具。 Gamberini 等人[74]评估了参与者对虚拟紧急事件的认知，认为虚拟环境能够让参与者认识和直面灾害复杂环境，并采取相应的应对措施，这是在真实环境中不可能进行的研究。 采用 VR 研究疏散紧急行为的其他优点包括具有很好的成本效益，易于复制，允许最大程度的实验控制等[75,76]。 关于 VR 技术的有效性仍在讨论中，VR 用于火灾紧急行为的相关研究中，由于适当的验证方法并不存在，目前尚缺乏完整结论。

1.2.4 人员消防疏散仿真模型

计算机疏散仿真模型目前已经被广泛用于评估建筑设计的消防疏散安全性，特别是在性能化设计中，已经成为不可或缺的部分[77]。 除此之外，仿真模型也被广泛用于安全培训领域和人员消防疏散行为研究。 目前已有超过 60 种疏散模型软件被开发出来[78]，但由于人类行为内在的复杂性和不确定性，这些模型软件所能反映的行为通常着重于物理层面人群动力学特征，而在疏散决策的心理维度层面相对简化或缺乏[33]。 这是一个涉及多学科的复杂系统问题，而且被认为是 21 世纪科学问题中最大的挑战之一[41]。

有 2 类典型的研究方法被使用到该问题上[79]，第一类是以 Pauls 为代表的学者通过人群实验和消防演习来研究人群疏散的物理性行为，第二类是以 Wood 和 Brain 等学者为代表的通过对火灾事件的事后调查来研究人类在火灾中的反应。 随后的模型研究也分成两个方向：第一种是通过数学、物理学（特别是流体力学）将人抽象成粒子系统或连续流体对象建立计算机仿真模型，这种模型侧重群体的运动力学，基于模拟技术和发展阶段，这些模型可以分为宏观、中观和微观三类，如图 1.8 所示；第二种主要是基于语义描述、模态逻辑等方法建立人类疏散行为的风险认知模型，主要是从社会学和心理学角度微观反映人类个体疏散过程中在环境、他人和个体等因素的影响下对于风险的认知、判断和做出反应的过程。近期的研究中随着计算机硬件技术、算法、人工智能等领域的发展，两者正在整合。

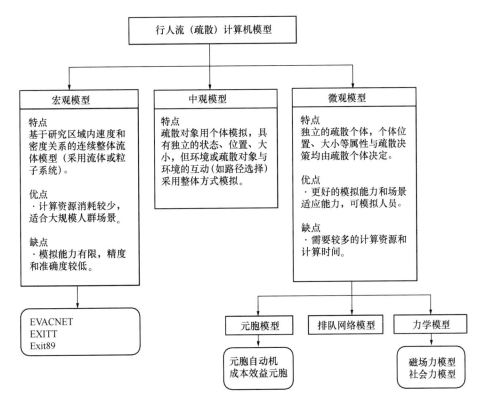

图 1.8　行人流（疏散）计算机仿真模型按模拟技术分类

　　早期的行人动力学模型使用气体或液体的数学模型模式来抽象行人流。这些模型的基本原理是采用连续流体系统中节点的密度和流速模拟人群运动，所有对象以相同的方式运行，不考虑个体差异，这类模型通常称为宏观模型（也称为粗糙模型）[80]。宏观模型的计算速度快，对计算机硬件要求较低，在大规模空间和人群条件下的仿真效率较高，在空间并不复杂、人群运动比较规律时也比较有效，因此目前应用仍然比较广泛。行人流作为一种多自主体的复杂系统，个体之间的差异不可忽略，同时行人运动与物理流体存在差异，有一些特殊的自组织现象[81]，因此体现个体差异的微观模型逐渐被开发。研究者采用了多种数学模型来模拟，主要有 3 种思路：一是基于交通流模型发展而来的"规则"模型，主要有元胞自动机模型和格子气模型；二是考虑行人和环境、他人之间的力学规则发展而来的力学模型，主要有社会力模型和磁场力模型；三是基于网络拓扑和概率学的排队网络模型[78]。

1. 元胞自动机模型

作为一个被广泛使用的行人流仿真底层动力学模型系统，元胞自动机模型将空间组织成一个离散的二维数组矩阵，预先定义每个节点可自由通行或是障碍物，疏散代理仿真过程中在定义的时间范围内从一个节点移动到另一个节点，如图1.9所示[82]。

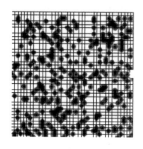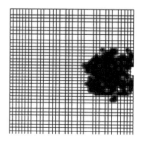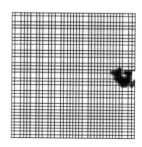

图 1.9　元胞自动机模型示意[82]

元胞自动机模型是一类典型的离散网格模型，在实际仿真过程中也可以将网格定义得非常密集，形成近似连续模型。基于元胞自动机的行人流模型实现原理较为简单，但是在试图表现物理世界人类的步行移动这点上存在一定缺陷，由于网格的存在，模拟人员的不同速度和交叉流动存在较大困难。元胞自动机兼容多种仿真方式，是目前应用较为广泛的底层模型之一。它允许宏观或微观两种方式，也兼容智能体仿真技术。一些流行的基于元胞自动机的疏散仿真模型或软件包括：Exodus[83]、EGRESS[38]、SIMULEX[38] 等。

2. 社会力模型

社会力模型（Social Force model）由物理学家 Helbing 等人[84] 提出，属于连续模型。模型假设行人流的动态特征是由个体驱动力、人与人之间作用力及人和环境之间的作用力三种力构成，是一种典型的力学模型。该模型用以下公式表示：

$$\frac{\mathrm{d}\vec{\boldsymbol{r}}_a}{\mathrm{d}_t} = \vec{\boldsymbol{v}}_a(t) \qquad (1.1)$$

$$\frac{\mathrm{d}\vec{\boldsymbol{r}}_a}{\mathrm{d}_t} = \vec{\boldsymbol{f}}_a(t) + \vec{\boldsymbol{\xi}}_a(t) \qquad (1.2)$$

$$\vec{f}_a(t) = \vec{f}_a^0(\vec{v}_a) + \vec{f}_{a\beta}(\vec{r}_a) + \sum_{\beta(\neq a)} \vec{f}_{a\beta}(\vec{r}_a, \vec{v}_a, \vec{r}_\beta, \vec{v}_\beta) + \sum_{\beta(\neq a)} \vec{f}_{ai}(\vec{r}_a, \vec{r}_i, t) \qquad (1.3)$$

式中，$\vec{r}_a$ 表示行人 a 的空间位置向量，$\vec{v}_a$ 表示行人 a 的速度，$\vec{f}_a(t)$ 为"社会力"，$\xi_a(t)$ 为反映随机行为偏差的参量，$\vec{f}_a^0(\vec{v}_a)$ 为人与边界之间的作用力，$\vec{f}_{a\beta}(\vec{r}_a)$ 为行人 a 与 β 间的作用力，$\vec{f}_{a\beta}(\vec{r}_a, \vec{v}_a, \vec{r}_\beta, \vec{v}_\beta)$ 为行人 a 与 β 间的作用力，$\vec{f}_{ai}(\vec{r}_a, \vec{r}_i, t)$ 为吸引效果。

式 1.1 表示个体主动驱动于自身的主观"社会力"，体现行人以希望的速度移动到目的地；式 1.2 表示个体之间试图保持与其他行人一定距离所施加的"社会力"；式 1.3 表示边界和障碍物对人的影响类似于人与人之间的影响。

社会力模型能够较好地模拟群体行人流的各种自组织现象，如成拱现象、流动条纹、自动渠化、瓶颈摆动等[85]，如图 1.10 所示。社会力模型也是目前应用较为广泛的疏散仿真软件或模型的底层模型，常用的仿真软件有 FDS + Evac、Anylogic、MassMotion 等。

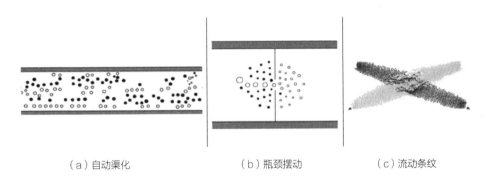

（a）自动渠化　　　　　（b）瓶颈摆动　　　　　（c）流动条纹

图 1.10　社会力模型中的人群运动自组织现象[85]

3. 多智能体仿真技术

多智能体系统（Multi-Agent System，MAS）是一种类似面向对象的微观仿真方法，这种模型采用了更贴近真实物理世界的抽象方法[86]。采用多智能体仿真技术允许为每个模拟对象建立独立的特征集。在疏散多智能体模型中，每一个代理（Agent）代表了一个疏散者，个体代理能够根据相关影响因子独立做出决策，改变自身参量，从而更真实地模拟现实的紧急疏散情形[83]。当前的主流疏散模拟软件基本上都采用多智能体系统架构，目前广泛使用的软件包括 SIMULEX、Extrods、Pathfinder、PedGO、Anylogic 等。

MAS 技术能够结合人员疏散动力学和行为学两个层面。基于多智能体技术框架，一些学者研究了由效用函数、功能可供模型[87]、TPD（计划行为理论）[88]及 BDI（信念、愿望和目标）架构[89]等来驱动疏散代理的行为决策。这些模型尝试在多智能体系统中模拟人类的决策疏散过程，如 Lee 和 Son 等人[89]基于人员决策和行动为其当前状态的效用建立了一个在社会力模型基础上扩展 BDI 框架的疏散模型，疏散代理基于信念（对环境知识集合）和愿望（当前情景特征下代理所希望的状态，紧急情况下即保障自身生命安全）来做出必要的目标选择（疏散行动）；Pan 等人[83]基于代理可视域特征，计算其疏散寻路选择（图 1.11）。

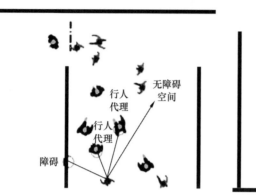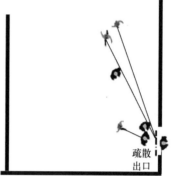

图 1.11　社会力模型扩展人员的视域特征行为[83]

Underground
Commercial
Buildings

2

建筑中人员消防疏散
行为影响因素

2.1 人员消防疏散安全要素

建筑消防安全工程的发展逐渐建立了一套科学的评估体系，这套评估体系包含了从以下三个学科发展的防火安全研究方法：

（1）火灾物理安全——关于火灾的起源、发展、影响和减缓的科学。

（2）建筑消防安全技术与工程——关于建筑结构、材料和设备等建筑技术与火灾起源、影响、发展和减缓的科学。

（3）人员行为消防安全——关于人类在火灾中行为与环境互动关系的科学。

火灾物理安全以火本身为研究中心。在火灾的发展过程中，火灾情景和火灾量化曲线起决定性作用。前者描述了火灾在特定环境下或与特定对象作用时的发生与发展特征，后者包含了温度、辐射值、发热量、毒性值等变量用以描述火灾的发展程度。火灾的影响可以是指火灾产生的热、烟、毒对人和建筑物的影响，以及在它们互动作用下对火灾发展的影响。火灾物理安全在建筑消防安全中主要着眼于火灾在特定环境下的发展特征、火灾对人类和建筑物的关系及影响，并据此提出消防安全政策。

建筑消防安全技术与工程，以建筑物为研究中心，基于火灾基础物理知识，提出在建筑物在限制、减缓火灾、保护人员安全方面的相关措施。技术措施包括材料的不燃性、防火与防烟隔离、通风、探测与灭火设备、紧急出口、火灾分区等，这些措施可分为被动性（如分区化）和主动性（如消防喷淋）措施。建筑消防安全技术与工程重点讲述建筑技术科学与火灾特点以及建筑物与人员安全之间的关系。

人员行为消防安全，是关于人员在建筑物内发生火灾前和发生火灾期间的行为研究。一方面，它涉及人员在建筑环境中的运动特点（如人员速度、自组织现象）；另一方面，它涉及人员在心理学层面的特征（如寻路），这部分人员行为是消防安全的难点。对人员在火灾中特定行为意图与动机预测的困难性在于每个人都存在内部引导动机和自由意志差异，同时受到特定环境和情景影响的外部引导动机，因此对单个人行为的预测几乎是不可能的。然而，建筑物内的疏散过程可以被视为由众多个体形成的集合群体，人员行为在群体尺度下表现出一定的相似性和类别性，这一点已经在过去几十年的研究中被证实。

因此从建筑火灾环境的特性来看，人员消防疏散行为受到人员特征、火灾特征、建筑环境特征对人员行为的影响（图 2.1）。3 种因素除了分别对人员产生影响外，互相之间也存在影响（表2.1）。这3种因素分别涉及心理与行为学、建筑技术科学和火灾物理科学的相关知识，基于这种跨基础学科的疏散行为理论研究为建立完善的消防安全提供了新的思维框架。在目前的消防安全政策中，重点仍然是基于火灾特征与建筑环境特征之间相互作用而采取的相应措施，人员行为，特别是在心理学层面的相关知识，绝大部分未被考虑。前文文献回顾表明了消防安全工程领域对人类行为研究的兴趣逐渐增大，性能化设计的推广与发展显示消防安全政策正在逐渐符合消防安全领域的最新科学见解，因此，补充人类在火灾中行为的知识至关重要。

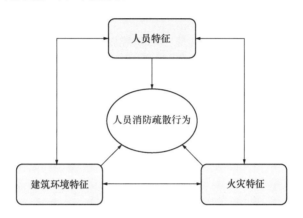

图2.1 影响人员消防疏散行为的基本因素

2.2 疏散行为潜在影响因子

　　根据前文讨论，人员的疏散行为受到人员、环境和火灾3个方面的因素影响，3种因素在整个疏散的进程中也存在相互影响，但目前尚缺乏足够的知识来描述完善的影响因子集以及因子之间的关系，现有研究较为离散地对各方面潜在因子进行了一些研究，本节将介绍现有的研究或证据，并据此提出一个影响因子集的分析框架。

3种因素的相互影响关系 表2.1

因素	影响关系
火灾特征与建筑环境特征	火灾对建筑物的影响： • 触发消防设备的运作 • 破坏建筑物结构，造成直接人员生命威胁 • 影响建筑物中逃生路径的安全性，如烟雾传播

因素	影响关系
火灾特征与建筑环境特征	建筑物对火灾的影响： • 产生火灾情景 • 建筑材料和结构影响火灾曲线发展 • 提供人员安全保护措施（防火分区、设备）
人员特征与建筑环境特征	人员对建筑物的影响： • 产生火灾的风险 • 消防安全设备与设施的可用性，如紧急出口被关闭、通道堵塞
	建筑物对人员影响： • 建筑设备、环境影响人员疏散延迟 • 建筑布局对人员逃生时间影响 • 标志等设施影响人员寻路的便利性
火灾特征与人员特征	火灾对人员的影响： • 火灾感知对疏散决策影响，如疏散延迟、寻路 • 心理压力下的疏散决策 • 毒、热对人员身体的影响
	人员对火灾影响： • 危险活动导致火灾或加剧火灾 • 采取灭火措施限制火灾发展 • 制定影响火灾的管理程序和相关技术

2.2.1　人员因素

人员在疏散过程中的行为在不同层次上受到与人相关要素的影响：在生理层面上，由于个体体质能力的差异，行动方式存在不同；在心理层面上，基于知识、经验等层面的差异，对线索感知过程和决策结果存在不同；在社会层面上，基于他人的影响，或处于一定密度的行人流状态中，其决策和行动特征存在不同；在物理层面上，人员身体状态影响其对特定环境条件的反应，如处于烟气中导致视觉受阻，吸入有毒气体导致疏散能力丧失。根据整理可将人员因素分为个体因素、社会因素、情景因素和自组织现象[17,90,91]。

1. 个体因素

现有研究发现，影响疏散的个体因素包括：性别[92]、年龄[93,94]、专业背景[95]、性格[17,90]、感知力[17]、判断力[17]、知识与经验[17,30,36]、行动能力[17,92]、健康状况[17,30,96]、体重指数[97]、文化、地域与民族[98]。关于这些要素对疏散行为影响的发现总结如下：

1）性别与年龄

在许多火灾事件报告中，性别和年龄都被发现是影响人员疏散行为的重要基本因素。火灾事件中的年龄差异通常用于判断人员的行动速度，性别差异被证实与消防行为偏好和寻路有关，Wood 等人对性别差异进行了大量研究[99]，他们发现女性在火灾中更倾向于逃生，男性更企图进行灭火，女性比男性更早告知他人或报警；Frantzich 等人[100]发现在寻路过程中，对有烟雾的路径的选择不同性别具有明显差异，男性更有可能穿过烟雾。Tong 等人认为这些差异可能是由于时代文化造成的[101]，Bryan[19]则认为背后的原因可能是个人的角色和责任。这些解释暗示了上述基于美国本土的相关研究结论可能并不适用于其他地区或文化，并且这些研究可能具有时代局限性。

2）专业背景

专业背景可能是火灾中行为的一个影响因素，真实火灾案例的报告或研究中很少被提及，但在实验研究中，该因素经常被用来对比。一些火灾事故报告中统计了受害者的专业背景，如英国国王十字地铁站火灾（1987 年）[102]、"9·11"事件[27]，但并未进一步分析。一些实验研究中探讨了专业对行为的影响，统计中通常假设认为工程相关专业背景对人员火灾疏散上有更为积极的影响，如 Tang 等人[103]研究发现建筑相关背景人员在陌生环境中寻路时间更短。

3）性格：领导者或追随者

领导者或追随者的性格特征被认为是影响火灾中人员行为的一项因素。一些报告认为，大多数人在火灾中扮演追随者的角色[104,105]；部分人在火灾事件中面对危险信号不直接采取行动，而是先观察他人的行为[106]；Proulx[107]认为人们在紧急情况下会遵从权威人士的指示；Kinateder 等人[108]通过虚拟人物探讨了其他人员对疏散者寻路的影响，发现有跟随行为存在，且与其他人员的数量密切相关，即羊群效应。

4）性格：抗压水平

这个因素通常被认为与火灾中的恐慌表现有关。人员能够处理的外部信息是有限的，超过自身信息处理能力时，个人必须在信息中进行选择。事故报告表明，如果在火灾发生时正从事压力水平较高的活动，识别火灾迹象的能力就会比较低，如环境噪声和疲劳会降低对火灾危险的注意力[109]。在火灾疏散过程中，通常认为部分人员由于心理抗压水平较低会产生不合理、不合逻辑或不受控制的行为，并认为是由恐慌导致[110]。然而恐慌这一概念目前并没有科学证据的支持，例如媒体报道中常常将高层火灾的跳楼行为与非理智恐慌联系，但一些学者认为当人员被火灾困住，跳跃成为唯一可能生存的动作时，这种情况是一种合乎理性选择的行为[95]。实验研究也发现抗压水平会影响人员紧急情况下的行为[111]。

5）疏散速度与移动能力

研究认为，人员的疏散速度和移动能力主要取决于年龄和身体健康状况[112]。 儿童和老年人通常运动速度较慢，生病、身体有残疾的人员移动能力较差，另外心理健康状况也会影响移动能力。 人员在疏散过程中移动能力与疏散距离和时间有关系，"9·11"事件评估报告中有人员从高层建筑向下疏散的速度低于设计规范的假设[54]。 地下空间的上行疏散过程中，人员的移动能力与体力消耗相关性更为密切，然而当前的安全政策中很少对此有所考虑[113]。

6）感知力

火灾中人员疏散的感知力是指人员对危险迹象和对疏散线索的注意，这是一种与人员知觉（视觉、听觉、嗅觉等）有关的能力，同时受到人员的注意力和心理方面因素的影响。 在相同的环境情况下，不同的人员具有不同的感知力。 但许多人对火灾危险性和相关线索的感知往往是不可靠的，英国国王十字地铁站火灾中人类首次发现沟渠效应，火势在极短时间内从几乎不可见的状态发展到无法控制，让许多人丧失了最佳的逃生机会[102]。

7）知识与经验：火灾经验与消防培训经历

不同研究调查了以往的火灾经历和消防培训经历对火灾中行为的影响，研究结果不尽一致。 Wood 认为有火灾经历的人在火灾前期会考虑其他选择，不仅仅是立即逃生，这一观点Bryan 并不认同[101]。 一般认为，消防教育和培训经历对人员在火灾中的疏散响应时间和疏散寻路方式具有积极影响[112]，美国消防工程师协会（SFPE）发布的指南中[114] 中引用了其他研究观点，认为受过火灾培训的人员对火灾情况有控制感，不太可能一开始就逃生。 Fahy 和 Proulx[26] 在办公楼和商店的实验中发现，有消防培训经历的人员在火灾中的响应时间更快，而 Bishop 等人[115] 在监狱中的实验发现消防培训没有显著影响。

8）文化地域与民族

跨文化的人员在火灾中的疏散行为研究较少，BESECU 项目研究结果表明不同国家人员在疏散响应时间上存在差别[98]，Almejmaj 等人[116] 研究发现阿拉伯居民相对于美国居民因衣着和对火警信号不熟悉，平均疏散时间增加 11%。

9）体重指数

人员体重指数影响人员疏散需要的空间尺寸，肥胖会影响人员的行走能力和耐力[93]。

表2.2总结了现有文献中提及的主要个体因素及其影响。

文献报告中影响消防疏散行为的主要个体因素及其影响　　　　　　表2.2

个体因素	对消防疏散行为的影响
性别	火灾感知，疏散响应时间，疏散寻路
年龄	火灾感知，消防疏散响应时间，疏散寻路，疏散速度与移动能力

个体因素		对消防疏散行为的影响
性格	领导者/追随者	疏散响应, 疏散寻路
	心理压力水平	火灾感知, 疏散决策的理性程度
专业		火灾感知, 疏散响应时间, 疏散寻路
疏散速度与移动能力		转移到安全环境的能力
感知力		火灾感知
知识与经验	火灾经验	疏散响应时间
	消防培训经历	疏散响应时间, 疏散寻路, 疏散决策的理性程度

2. 社会因素

人的行为在很大程度上是由社会规则决定, 这种现象的合规性在心理学层面已经得到解释[117]。 因此, 人员在火灾紧急情况下也会遵守社会规则。 例如, 如果人员处于一个团体之中(如家庭团体), 他会倾向于与其他成员合作并实现共同的疏散决策而不是单独行动; 其他人员提供的线索对人员疏散决策具有影响, 特别是当他认为对方在消防安全领域具有权威性时。 对于这些因素的影响, 现有文献的主要相关结论如下:

1)群体行为

研究表明, 处于紧急情况下的人员倾向于合作并做出共同有益的决策, 这种合作行为因人员间的社会关系亲密度而加强[37,105,107,114,118]。 人员在紧急情况下更容易表现出利他行为, 具体表现在帮助残疾人员或受伤人员, 鼓励其他人员[107]。 人员的行为具有传递性, 特别是在火灾的疏散响应阶段, 更多的人不是直接感知到火灾线索, 而是观察到其他人疏散而进行疏散[105]。 部分研究探讨了这种群体行为对疏散成功率的影响, 对住宅建筑火灾事件分析表明, 家庭成员作为群体的疏散时间比单个人员的疏散时间更长[17], Cornwell 通过文献调查发现, 群体行为随着人数规模的增加对火灾逃生成功率具有负面的影响[105]。 疏散中的羊群效应是指人员在紧急情况下由于对自身决策的不自信、心理压力较大、缺乏相关知识或出于从众本能, 放弃独立自主的疏散决策, 选择跟随其他人的行为[119], 羊群效应造成疏散路径拥堵被认为是导致疏散伤亡的原因之一。

2)角色与责任

在火灾紧急情况下, 人员仍然会按照其在建筑内的角色期望进行行动, 例如建筑内的服务人员在紧急情况下也倾向于承担引导其他人员疏散的责任[17]。 对其他人员而言, 如果引导和指示符合他们对事件状况的评估, 通常会遵循指示[107]。 如"9·11"事件对幸存者的评估调查显示，大部分的人员疏散撤离是由部门经理引导，表明在正常情况下处于领导地位的人员也倾向于负责紧急情况[30]。 建筑内人员的角色和责任会影响其他人员的行为，特别是工作人员会影响建筑物中其他参与者[120]。 因此，针对工作人员进行消防安全方面的培训对消防疏散具有积极影响。

3）工作或任务

人员在建筑中承担的工作或任务被证实会影响其火灾紧急情况下的行为，特别是对疏散信号的响应，如 Graham 和 Roberts[121]发现，在一些火灾事件中，即使火灾在某些人员的视线范围内，他们仍然会继续手上的工作。

表 2.3 总结了现有文献中提及的主要社会因素及其影响。

文献报告中影响消防疏散行为的主要社会因素及其影响　　　　　　　表 2.3

社会因素		对消防疏散行为的影响
群体行为	社交关系小团体	疏散响应，疏散寻路，转移到安全环境的能力
	羊群效应	疏散响应，疏散寻路，转移到安全环境的能力
角色与责任		疏散过程中的行为
工作或任务		疏散响应

3. 情景因素

对疏散个体而言，影响其疏散行为的情景因素包括人员警觉性、对建筑熟悉程度、疲劳程度与心理压力。

1）警觉性

目前研究中最重要的警觉性要素是人员在火灾发生时是否处于睡眠状态[112]，睡眠中人员对火灾的警觉性非常低。 一项实验表明，睡眠状态的人员对烟雾刺激的反应很低，当烟雾浓度在 10ppm 时，10min 内仅有 29% 的男性和 80% 的女性被唤醒，平均时间 101s，而未处于睡眠状态且嗅觉正常的人员能够瞬间感知[114]。 此外，当人员使用酒精、药物或毒品后，警觉性明显降低，事件评估显示，火灾中使用酒精和麻醉剂的人员，死亡概率更高[95]。

2）对建筑熟悉程度

人员对建筑的熟悉程度被认为是影响人员疏散寻路的重要影响因素之一[122]，人员在疏散时会倾向于选择他们熟悉的路线[112]。 对建筑的熟悉程度与个人和建筑特征有关，如人员在建筑中的经历、活动时间、自身能力和建筑内空间复杂程度。 另外在某些类型的建筑中，对建筑的熟悉程度可能影响疏散响应时间，Tong 和 Canter 对此解释是那些熟悉建筑物的人员对火灾危险性判断更低[101]。

3）疲劳程度与心理压力

火灾情形下疏散可能是一项艰巨的任务，疏散距离过长（高层、地下深层）会引起人员疲劳，进而影响疏散时间。人员的心理压力也在随着时间和火情变化而变化，由此也将影响人员的疏散行为[25,123]。

表2.4总结了现有文献中提及的主要个人情景因素及其影响。

文献报告中影响消防疏散行为的主要个人情景因素及其影响　　　　表2.4

个人情景因素	对消防疏散行为的影响
警觉性	疏散响应时间
对建筑的熟悉程度	疏散响应时间，危险认知，疏散寻路行为
疲劳程度与心理压力	疏散速度，疏散寻路行为

4. 自组织现象

在建筑内的疏散过程中，人员群体与建筑空间环境和室内障碍相互影响产生一定规律的互动现象，称为疏散人流自组织现象。建筑内一些特殊区域，如房间内、狭窄走道、门、楼梯间和室内障碍（家具）处的自组织现象是研究重点。紧急情况下，这些区域通常被观察到产生堵塞状态[124]。Cristiani等人[125]认为这种自组织现象的形成是由于人员运动时行为规则在集体层面的表现导致。Helbing等人[124]认为正常状态和紧急情况下的行人流自组织现象存在差异，尽管目前在行人流自组织方面有大量的研究，但对于紧急情况下的模拟仍然存在许多不足[91]。在一般情况下，对向行人流会形成自动渠化状态（图2.2a），而在紧急情况下对向行人流会形成阻塞状态（图2.2b），Helbing等人[126]称之为"过热冰冻"，当高密度疏散行人试图通过一个狭窄出口时，会形成成拱与滴漏现象（图2.2c)。在等宽通道中插入一个较宽的节点，实际上会形成瓶颈，如图2.3所示，减慢人员疏散速度，而不是某些工程师认为的加快速度[91]。如图2.4所示，交叉行人流会出现瓶颈摆动或流动斑纹的自组织现象。

在紧急情况下的常见行人流自组织特征见表2.5。

（a）通道中对向人流形成
自动渠化的自组织现象

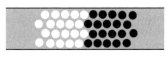

（b）高压力水平情况下的
对向人流易形成阻塞

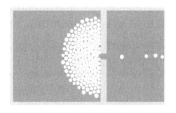

（c）高压力水平下人群通过门时
形成的成拱与瓶颈滴漏现象

图2.2　水平通道与瓶颈点的自组织现象[126]

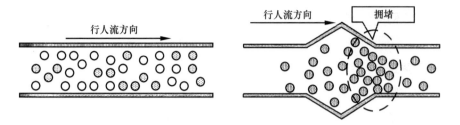

图 2.3　在等宽通道中设置较宽节点引起的行人流阻塞 [91]

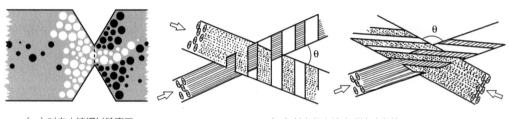

（a）对向人流通过狭窄口　　　　　　　　　　（b）斜向行人流出现流动斑纹
　　　出现瓶颈摆动

图 2.4　斜向与对向人流的自组织现象 [124,126]

与行人疏散相关的自组织现象

表 2.5

自组织现象	特征
速度/密度/流量	疏散速度，人员密度和流速呈现一定的关系，目前已开发了多种模型来建立 3 个因子间的关系，如 Greenshields 模型、钟形曲线模型等。行人流的速度密度模型与人类其他交通流如车流以及自然界的其他动物群体运动也具有一定相似性 [127,128]
成拱现象	当高密度疏散行人流试图通过一个狭窄的出口时，会形成一个以出口为中心的拱形。压力水平越高，拱形越明显，这是由于紧急情况下的"竞争型"人员大幅超过"排队型"人员 [129]，如图 2.2（c）所示
瓶颈滴漏	疏散人流在高密度通过狭窄出口时，出口处的行人通过速率远低于正常状态 [126]，如图 2.2（c）所示
瓶颈摆动	当两股人流以对向通过狭窄口（如门）时，两个方向的人流会依次交替占据出口。Helbing 等人 [126] 认为是等待压力导致另一个方向的行人流占据瓶颈 [126]，如图 2.4（a）所示
快即是慢	高压力状态下，在一定密度行人流中，部分人员试图加快速度，行人流状态失去协调，特别是在出口位置，流速降低，导致整体平均速度变慢，疏散时间延长 [78]
自动渠化	对向行人流在运动过程中自动形成不同通道，避免相互碰撞 [126]，如图 2.2（a）所示
过热冰冻	在高压力（过热）状态下，两股对向人流无法自发分离，形成阻塞 [126]，如图 2.2（b）所示
流动斑纹	呈现一定角度的两股冲突人流交织在一起时，呈现两个流动条纹，Helbing 等人 [124] 认为流动斑纹能够最小化行人间相互作用，最大化整体平均速度 [124]，如图 2.4（b）所示

2.2.2　环境因素

环境因素是指构成人员疏散过程中的物理环境对人员影响的要素，建筑室内的物理环境对人员火灾响应、疏散路径选择和群体疏散性能表现提供基本条件和产生影响，是火灾发生和发展的基本载体。建筑环境对人员疏散行为的影响包含了物理和心理两个层面，相关因素可分为建筑设计因素和建筑使用因素。

1. 建筑设计因素

当前各国的消防安全政策中，建筑设计中许多方面的因素都被认为与建筑消防安全性能有关，如建筑类型、规模、布局、出口数量及分布、设备设施等。已有大量研究主要从建筑设计因素与火灾发展关系[130]、对人员群体疏散时间评估[78,131]、防火与救援、对人员运动速度影响等角度探讨了建筑设计对人员疏散安全的影响。但从心理和行为学角度研究建筑火灾中的环境和设计因素对人员行为影响研究较少，本节主要从心理和行为消防安全角度阐述建筑设计因素对人员疏散行为影响的已有研究。

1）建筑类型

不同类型的建筑因其使用特征、空间结构特征、内部材料特征等不同，火灾消防安全性能存在显著的差别。绝大多数的建筑火灾致死事件发生在住宅建筑中[95]，但在一些公共建筑中发生的火灾事件能造成更大的社会影响和更严重的单次伤亡。对火灾致死事故的调查表明，几乎所有的情况下，火灾被发现后都有迅速的火灾发展与蔓延，逃生路线被火或烟雾阻挡，这意味着有可能人员启动疏散的时候已经为时已晚或者许多人选择了错误的安全出口。Tubbs[132]调查了美国致命性火灾中的决定性因素，发现在美国最致命10起火灾事故中，其中出现出口封闭、隐藏或阻塞情况的是9起，建筑内人员密度较高的是8起，有许多人因人群拥堵踩踏而死亡的是7起。Tubbs的研究表明人员在火灾情况下的行为，拥堵、选择正确的路径对人员生命安全具有至关重要的作用。

2）建筑布局与疏散路径

建筑布局与疏散路径方面的特征直接影响了人员疏散寻路方式和群体动力学特征，Raubal等人[133]指出对人员疏散寻路的支持方面，建筑布局特征比路标数量或质量更重要，标志在许多情况下无法被某些人员正确认知，也无法解决建筑布局的缺陷问题。Bryan[134]对多项事故调查后发现，数百位经历过火灾的人员中，高达92%的人员无法记得他们在疏散过程中是否选择由疏散标志引导的路径；选择熟悉出口是人员疏散中的主要策略之一，建筑布局的复杂性直接决定了人员返回至熟悉出口的成功率。建筑布局和疏散路径方面的特征可能导致人员忽略紧急出口，Johnson[104]研究发现，在一起事件中有人员忽略 8 个预设的紧急出口，从大楼主入口疏散离开。 疏散路径在空间环境方面的特征对人员寻路行为具有重要影响。

3）紧急出口

疏散路径的客观长度并不是人员在火灾紧急情况下选择紧急出口的最主要影响因素[95]，人员选择紧急出口与出口可用性、路线可达性、心理特征、社会影响等多种因素相关。 美国最致命的 10 起火灾事件中，其中 9 起与紧急出口的隐蔽或封锁有关[132]，紧急出口通常存在被忽略的迹象，这与紧急出口的呈现方式（门、楼梯间等）、标志系统和环境特征有关[95]。

4）垂直疏散设施

在多（高）层或地下建筑中，人员需要借助垂直疏散设施逃到室外，主要包括楼梯、电梯、自动扶梯、升降设备、天桥、逃生滑道等，不同的建筑类型在垂直疏散设施的选用上有不同的规定。 其中最常用是楼梯，对于需要长距离垂直疏散的建筑（例如高层或深层建筑），楼梯是影响人员疏散的重要因素。 正如选择紧急出口的路线，对疏散楼梯的选择也依赖人员对大楼中楼梯位置的熟悉程度[25]。 Averill 等人[135]对"9·11"事件幸存者的调查研究发现，其中超过一半的人员在灾难发生前从未使用过楼梯。

使用电梯和自动扶梯疏散的可能性是比较受关注的研究课题，目前大部分国家法规中电梯和自动扶梯不能用于疏散，其中最重要的原因是火灾情况下这些设施可能引发电力方面故障，疏散无法得到保障。 使用电梯和自动扶梯疏散的研究一直存在[107]。 尽管规范禁止，火灾事故中还是有人员使用这两种设施。 1979 年英国曼彻斯特伍尔沃斯百货大楼发生火灾时，22%的购物者和 5%的员工在逃生时使用了自动扶梯[25]；"9·11"事件中，电梯疏散已被实际使用，并且挽救了许多人的生命。 部分国家在立法上已经做出改变，由此可能引发人员行为方面的影响，例如人员在自动扶梯上的超越行为，在巨大压力下等待电梯以及对电梯轿厢空间资源争夺等，尚缺乏研究。

5）消防设备

建筑内有一系列设备用于控制火灾的发生和发展，减小火灾发现时间，通知人员撤离以及支持人员疏散过程。 这些设备包括火灾探测系统、报警系统、应急照明、喷淋系统、通信设施和防排烟系统等[136]。 但是在研究中这些设备预设的功能并不能完全如愿，在某些情况下甚至起到了适得其反的作用，其中从行为角度产生影响的因素最复杂。

火灾自动报警系统在探测到火灾发生信号时，以声音和视觉信号提示建筑内人员。该系统设立就是为了保障建筑内人员在火灾发生后第一时间进行疏散[137]。 疏散延迟被认为是造成火灾事故中人员伤亡的最重要因素之一。 多年的公众消防安全教育中强调了

"消防报警＝立即疏散"这一概念，然而在各种建筑火灾事故或实证研究中，人员往往并不会在消防报警后立即疏散。这可能是因为报警错误次数过多引起（据统计，美国消防报警27%是错误报警[95]），也可能是人员缺乏对报警信号的认识[137]。报警信号音是预录或实时语音也会影响人员的预动作响应时间[137]。"9·11"事件发生并启动疏散程序后，纽约世界贸易中心1号楼的部分人员在开始疏散前进行了包括办公室锁门、关闭电器、搜集个人物品（电脑、手提包、手机、衣服等）、与亲友联系（通过有线电话）甚至继续工作等一系列行为[138]。人员在火灾中开始疏散最有效的信息是火灾本身的可见性和其他人员的口头信息[139]。

应急照明系统的照度对人员运动速度和寻路选择都存在影响，一般的应急照明系统在紧急情况下能够有效照亮和显示疏散通道并能持续工作。我国规范中应急照明设备的地面照度需要达到 0.5～5.0lx[136]。光照度是一个与人员心理密切相关的标量，有学者认为现行应急照明最低照度标准对应急疏散并不合适[140,141]，室内能见度与人员运动速度的研究表明，随着照度降低，人员步行速度降低[142,143]，在低能见度情况下，人员倾向沿墙行走[122]，如图 2.5 所示。Frantzich 基于相关照明条件和能见度对人员寻路的影响的研究提出，对于熟悉建筑的人员，选择某条路径至少需要 10m 的能见度，对于不熟悉建筑的人员，需要 15～20m 的能见度。应急照明通常位于顶棚或是墙壁顶部，在烟雾较多的情况下，照明可能失效[141]。

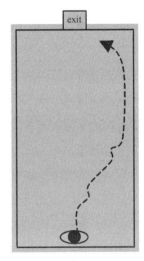

图2.5　人员在烟雾中倾向于沿墙行走[122]

消防喷淋系统被证实是一种非常安全的被动消防安全措施，在许多情况下，精心设计和良好维护的喷淋系统可以明显限制火灾发展甚至扑灭火灾。根据美国的研究报告，使用消防喷淋系统平均减少火灾死亡人数87%，财产损失降低 60%～65%[144]。喷淋系统在工作时对人员消防行为的影响尚缺乏实证研究，Kobes[95]认为喷淋工作时可能会压低烟层，产生危害人员生命的情况。

6）疏散标志

疏散标志系统有疏散指示标志（位于室内不同位置）、"您在此处"地图等形式（图 2.6）。虽然疏散标志在紧急情况下被寄予厚望，但诸多火灾事件的评估发现，许多人并未按照疏散标志的方向选择最佳出口，即使这条路径没有受到烟雾或火影响[95]。人员对建筑物的熟悉程度、觉察能力、知识与经验、压力水平和社会因素都可能成为其不选择疏散标志的原因，一般认为，接受过消防安全培训的人员更可能在紧急情况下通过疏散标志选择出口，因为不具备相关知识的人员可能并不能正确认知疏散标志的含义[145]。疏散标志的有效性与其清晰度、亮度、环境照明和位置等有关[24,146-149]，其中许多研究是采用 VR 方法进行的。目前大部分国家的疏散标志为绿色，也有其他颜色，有研究发现疏散标志的作用似乎与颜色无关[24]。环境中的一些其他信息对疏散寻路的影响程度可能超过疏散标志，这些信息可能是一种"噪音"干扰了人员对疏散标志的发现[150]，也可能对特定人员是一种重要的出口暗示，影响了人员的选择[151]。

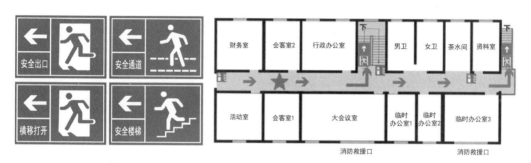

图 2.6　不同类型的疏散标志示意
（图片来源：昵图网，http://www.nipic.com/）

　　7）其他空间环境信息

　　空间环境中的信息对人员行为，特别是寻路的影响是一个复杂且尚未解决但明确存在的问题。Tolman[152] 提出了认知地图假设，认为人员在特定情况下路线的选择是基于以视觉为主的线索输入和自身过去经验构成的知识图谱形成的现场地图。在陌生环境中，人员不可能具备完整全面的路径信息，在不断的学习过程中，人类会形成一套模式化的知识经验系统，这种经验系统导致在相同环境下不同人员对线索感知存在差异[153]。Weisman[154] 总结了人员用于室内寻路的环境线索，分为 4 类：①在环境中提供方向信息的标志；②可感知通道（那些潜在的通往目的地的路径或通道意象）；③空间差异化特征，特别是在建筑内部的易辨认性的标志物；④提供建筑平面特征的信息（地图或是一个全局的感知）。也有研究者将影响人员紧急寻路选择的环境信息分为明示信息与暗示信息，前者主要是指疏散标志一类直接提示人员选择方向的相关信息（Weisman 分类中的①和④），后者为其他暗示性的环境信息（Weisman 分类中的②和③[151,155,156]。近年来，学者多采用严肃游戏方法研究空间环境信息对人员寻路行为的影响，被研究的潜在环境变量有：亮度[151,157]、路径相对宽度[155]、路口形式[155]、环境色彩[158]、自然采光[158] 等。

2. 建筑使用因素

　　建筑使用因素是指建筑物在日常使用过程中人员分布状态、运营、管理维护和消防安全规定执行方面的特征。 对于不同建筑类型，其具体的使用因素存在差别，根据 Kobes 等人[17,95]的研究，可分为建筑人员密度、寻路影响特征、疏散设备与路径维护和管理因素。

1）建筑人员密度

建筑人员密度是影响消防性能表现的重要影响因素，对火灾情况下人员的生存概率有重大影响，在消防风险分级中被列为重要因子之一。 建筑人员密度越高，火灾事件中丧生的概率就越大[112,132]。 人员密度影响人员在疏散过程中的行为，包括响应时间、羊群效应、运动速度和可能的恐慌性程度[95,118]。 建筑相关法规或手册中通常预估了各种建筑类型的人员密度特征[159]，并据此规定了其在消防安全方面的设计约束（如确定最小疏散宽度）。 但对于公共建筑而言，其内部人员密度不是一个固定的值，通常在不同时刻呈现较大的浮动，因此单纯基于经验预测的密度值计算设计宽度可能因实际人数过多而冗余不够。

2）寻路影响特征

建筑在实际使用过程中可能因为人为原因影响寻路方面的设计，其中影响较大的是疏散标志的遮挡和因室内装潢原因造成疏散标志难以辨认。 例如在商业建筑中，为了营造商业氛围的各种室内装潢、灯光、广告、商业标牌标志等都可能影响疏散标志的辨认，甚至出现矛盾性的标志[150]。

3）疏散设备与路径维护

设备防火措施能够阻止或减缓火灾，支持人员疏散，但是在建筑物使用过程中，设备的运行状况不断发生变化，已经存在的设施如应急照明、消防报警装备、防火喷淋等在使用期间需要进行维护。 火灾事故的调查表明，消防设备未成功发挥作用是导致火灾扩大或人员伤亡的重要原因[95]，早期的报告表明，27%的消防报警出现错误[139]，对人员调查时发现，许多人不会因为火警通知而立即撤离[112]。 确保这些设备在火灾时可靠发生作用至关重要，建筑管理部门有必要进行定期维护。 保持逃生路径畅通性和安全出口可用性是成功疏散的重要因素[17]，当前许多建筑物人为封闭部分安全出口的情况较为常见，尽管这是在法规中被禁止的。

4）管理因素

管理因素涉及了建筑内的火灾应急预案、消防疏散演习、安全培训和消防疏散救援指挥。 具有规范化备灾预案和对建筑内人员进行消防安全教育的建筑物，在灾害发生时能够保障人员有序疏散，最大限度减少人员伤亡与财产损失[160]。 消防安全教育与演习（事先声明演习和未声明演习）能够增强人员在紧急情况下的安全知识，在疏散不同阶段执行恰当的应对程序，增强心理抗压能力[160]。 对建筑内部人员通常不熟悉建筑的情况，如商业建筑，在管理层面更重要的是紧急情况下的疏散响应程序和疏散引导程序，Proulx[137]发现实时播报的消防警报系统要好于预录语音，同时在视觉上也要进行提示，加强紧急消息的传递。

2.2.3 火灾因素

火灾是消防疏散事件中的危险来源，人类在火灾中的生存能力决定其能否顺利撤离。目前我们掌握的火灾对人类行为影响的知识远不如关于火灾自身发生和发展的知识。从行为学角度来看，火灾环境中为人员的疏散响应和寻路行为提供了线索并影响其决策，这种线索提示在研究中被发现强于其他方面的影响因子，火灾产生的热、烟和毒气会影响人员的身体状况。火灾因素可分为可感知因素和危害因素。

1. 可感知因素

火灾产生的视觉、听觉、嗅觉特征，如火光、烟气、有机物燃烧的刺鼻气味、爆炸声是人员感知到火灾发生的重要线索。研究发现，火灾本身的线索比其他因素更能促使人员确定当前的威胁和风险[114]；对火灾本身可感知的人员具有更短的响应时间，如"9·11"事件第一次撞击时北楼比南楼疏散响应时间更短，前者中的幸存者报告了更清晰的爆炸声响和可见的火灾提示[161]；烟雾密度与危险感知程度呈正相关[101]，烟雾提示了潜在的风险，实验研究发现人员倾向于避开烟雾路径[31,162]，但在真实火灾事故中有大量人员选择穿过烟雾，特别是在只有唯一出口的建筑物中，例如住宅，并且部分人员会选择从烟雾中返回。英国一项2193人家庭火灾经历者的调查表明，60%的人员疏散中穿过了烟雾，其中26%最终返回；美国一项类似研究中，62.7%的人员穿过烟雾，其中18%最终返回[114,122]。决定是否在烟雾中返回主要因为能见度太低[122]。在烟雾中疏散人员受到烟雾刺激和可视范围的影响，导致心理压力增大，疏散速度降低，最终选择错误路线甚至受到危害[95]。一些研究着眼于烟雾中疏散标志的可见性和清晰度，结果表明黄色至绿色的光谱范围在烟雾中具有最佳可见性，且疏散标志发出绿光比产生相同亮度红光耗费更少的电能[24]。

2. 危害因素

毒气和热会危害人员健康，火灾造成的建筑物结构或内部设施的破坏对人员疏散形成限制，这些因素是影响人员生存机会的决定性因素。暴露于火灾中的烟雾或燃烧气体中的人员疏散行为可能会受到的危害或影响包括：死亡、休克/失去意识、行动速度降低、心理压力增大、感知和判断力下降等[114]。这些影响可能是长期的，创伤后应激障碍（PTSD）也可能造成人员心理长期损害[95]。部分人员受到的危害影响比平均值更高，主要涉及小孩、老年人和患有心脏病或呼吸系统疾病的人员[95]。火灾中危害因素对人员生理和心理的准确影响尚缺乏充足数据[114]。

2.3　影响因子分析框架

　　基于广泛的文献调研，总结并阐述了建筑物火灾中对人员疏散行为造成影响的相关因素，包含了已被证实的影响因素和基于理论研究或实验研究发现的影响因素。根据对现有知识整合，提出了一个建筑中人员消防疏散行为潜在影响因子集分析框架，如图 2.7 所示，该框架按人员因素、环境因素和火灾因素三个大类，分层次整理了潜在的影响因子。

　　该分析框架中的潜在因子将结合对地下商业建筑的实地调查形成候选因子，进一步通过量化评价方法确定地下商业建筑人员消防疏散的关键影响因子。在筛选因子的基础上开展实证研究和模型研究。

　　当前疏散理论阐述了人员在建筑物火灾中的决策过程，大体包含"风险感知—信息判断—行动决策—行动执行"的几个阶段，但这一过程目前尚难以采用工具进行量化模拟。通过启发式的研究方法我们可以探知人员疏散决策的表征结果而不是内在认知结果。将人员疏散行为进行建模就是将人员的信息输入、处理和输出过程模型化，信息处理过程是一个难以感知的黑盒，目前仅能通过统计分析来表达这一过程。

　　在现有研究条件下，因子的确定成为阐释人员疏散行为和建立行为模型的关键性基础工作。该框架中包含了较多潜在影响因子，对其全面开展研究不切实际。结合本书研究范围，因子将进一步限定到地下商业建筑中影响疏散性能、与工程设计密切相关并且具有可操作性的影响因子，限定过程将结合实地调查和评价进行。在此基础上，对在地下商业建筑中影响尚未明确的因子开展实证研究，通过统计分析，影响因子和影响因子对疏散行为的影响结果将以合适的方法纳入人员疏散模型，以实现疏散智能体在疏散过程中特定环境影响下的决策过程。

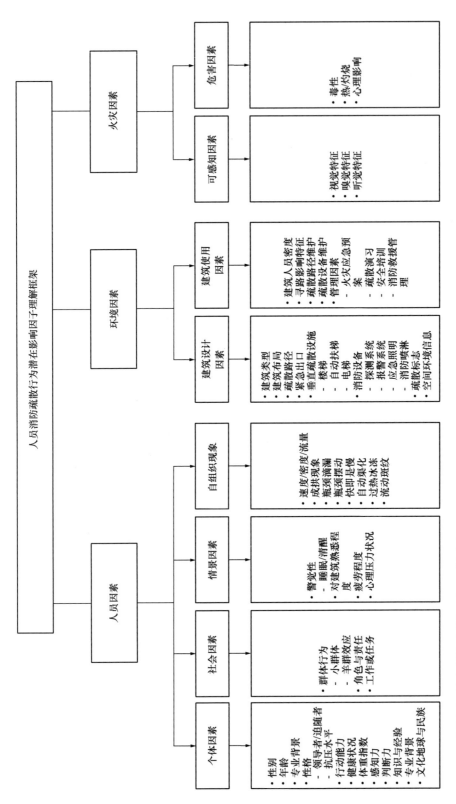

图 2.7 建筑中人员消防疏散行为潜在影响因子分析框架

地下商业建筑人员消防疏散行为与建模

Underground
Commercial
Buildings

3

地下商业建筑
人员消防疏散行为影响因子分析

3.1　消防疏散行为影响要素调查

现有人员疏散行为研究的文献普遍基于火灾危险性较大的地上类型建筑，如高层建筑、影剧院、体育场等，针对地下建筑的人员疏散行为及其影响因素研究极少。 为理解地下商业建筑中与人员消防疏散有关的因子，并得到一个以工程量化研究为导向的影响因子集，研究在影响因子分析框架基础上对现有的地下商业建筑进行实地调查，从其类型、布局特征、内部环境特征、疏散路径、出口、设备、使用现状、人员特点等方面进行考察，并分析与人员疏散行为相关的共性因子，为量化的行为和建模研究提供基础。

3.1.1　调查方法与对象

本节中的调研方法主要采用实地调查法和问卷调查法。 实地调查选取重点对象进行实地走访调查，考虑到不同城市地理特征影响下的地下商业建筑在形式、规模、出入口方式及业态分布方面特性，在典型山地城市重庆和典型平原城市成都两个地区，选取 25 个有代表性的地下商业建筑进行实地走访考察（表 3.1）。 问卷调查通过现场抽样随机发放和网络问卷两种方式（图 3.1），其中前者研究人员在调研的地下商业建筑内现场随机选择人员进行，获取的相关信息在一定程度上能够代表地下商业建筑中人员在个体信息方面的分布特征。 后者主要通过社交网络发放（基于问卷星平台，通过微信扫描二维码填写问卷），主要用于对地下商业建筑疏散特征进行分析。

实地调查参考 PSPL 调研法（公共空间-公共生活调研法）[163]，采用地图标记、现场计数、实地考察、访谈等多种方法。 内容包括：拍照和测绘建筑规模、平面布置、有效通道宽度、出口类型、出口有效宽度等主要的空间要素，整理形成电子化文档；统计消防设施和标志数量、分布位置，标记在测绘地图上；对主要使用人群包括固定人群（店铺商家）和流动人群（顾客行人)进行访谈调查和分类统计；对空间特征进行拍照分析等。 调研完成所有 25 个地下商业建筑包含各消防设施和标志标注的建筑平面图，形成以 CAD 为主的数据库；整理总结了地下商业建筑的主要类别、规模状况、空间形态、疏散路径、消防设施、人员密度、人员分布、管理水平等方面特征。

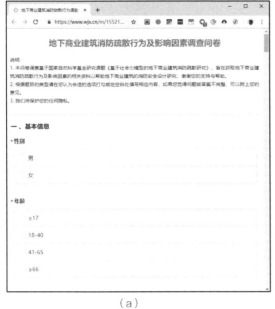

（a）　　　　　　　　　　　　　　　（b）

图 3.1　问卷截图及问卷调查现场

调研的 25 个地下商业建筑位置与名称　　　　　　　　　表 3.1

城市地区	具体位置	地下商业建筑
重庆市渝中区	解放碑商圈	名特小吃城、名人匠坊、轻轨名城店、八一好吃街
	大坪附近	金象世家地下商场
	菜园坝附近	通发地下商场
重庆市沙坪坝区	石桥铺商圈	亿美美食城、亿美商场
	三峡广场商圈	三峡广场钻酷地下购物中心、沙美丽都地下商场
重庆市南岸区	南坪商圈	EC 亿象城
	四公里	人防轻轨地下商业街
重庆市江北区	观音桥商圈	世纪金街、金源不夜城、佳侬地下商场
重庆市渝北区	两路商圈	北城中央商场
重庆市大渡口区	杨家坪商圈	嘉运购物城、博浪购物城、西郊路地下商场
	春晖路	九宫庙商业街、金华农贸市场
成都市青羊区	成都天府广场	天府广场今站购物中心
成都市锦江区	春熙路商圈	优品城地下商场、春熙坊老成都三条巷唐宋淘宝街、远洋太古里地下购物中心

问卷调研采用了标准封闭式问卷，以语义差别量表和利克特量表结合的方式设计了21个题目，从人员个体特征、消防安全知识评估、常态下地下商业建筑寻路行为、火灾情形假设下的疏散行为与心理、地下商业建筑环境疏散线索评估五个部分对地下商业建筑中潜在影响因素和人员的疏散行为进行调查（表3.2）。对问卷的分析分为两个部分，本章中调查文件主要用于分析地下商业建筑消防疏散相关的人员分布与部分环境特征，关于人员在火灾情形下的假设研究将在后文中消防疏散行为实证研究中进行探讨。

调查问卷的内容设置 表3.2

调查问卷组成部分		主要调研内容
人员特征	基本信息	人员性别、年龄、角色、教育程度、职业/专业背景等
	消防安全经历与经验	人员的火灾相关经历、真实火灾疏散事件经历、消防安全知识培训经历、火灾演习经历
疏散安全知识评测		消防设备、消防装置、消防安全标志等问题的个体测验
常态下在地下商业建筑的寻路行为		地下商业建筑中的方向感、对路径复杂度评估、寻找出入口难度、路径记忆能力
火灾情形假设下的疏散行为与心理		在假设的整个地下商业消防疏散事故过程中人员的行为
地下商业建筑环境疏散线索评估		评估10个潜在的暗示环境线索对疏散的影响

3.1.2 地下商业建筑类型

地下商业建筑的聚类特征可以从多个角度来划分，如形态、开发规模、区位特征、空间布局特征等。各类文献中对地下商业建筑常见的类型划分方式有：

1. 基于开发形式划分 [11]

（1）地下通道式商业街：通常位于人员密度较大的城市中心区，内部呈现街道式的特征，连通各个城市地面街道、城市空间和交通体（如地铁站）。

（2）人防改造式地下商业街：由于城市空间资源的紧缺，部分人防战备工程被改造成地下商业建筑以产生经济效益，如大坪金象世家、南坪人防轻轨地下商业街。

（3）广场式地下商业建筑：结合大型站前广场、城市公共广场和交通集散广场等位置构建的地下商业建筑，如重庆菜园坝通发地下商场、成都天府广场今站购物中心。

（4）地下商业综合体：独立开发的地下商业，通常规模较大，以商业功能为主，兼具城市连通功能，内部商业业态构成复杂，空间由商铺和商场混合构成，如重庆江北金源不夜城、南坪 EC 亿象城。

2. 基于规模划分 [164]

（1）小型地下商业建筑：开发面积在 3000m² 以下，商铺少于 50 个。

（2）中型地下商业建筑：开发面积 3000～10000m²，商店 50～100 个。

（3）大型地下商业建筑：开发面积大于 10000m²，商店 100 个以上。

3. 基于规划平面类型 [165]

（1）街道型地下商业建筑：多处在城市中心区域较宽阔的主干道下，平面跟随街道为狭长型或网络型。兼作地下步行通道较多，也有与过街横道结合的。

（2）广场型地下商业建筑：一般位于站前广场与城市广场地下，借由垂直通道或是地面下沉广场与地面衔接。平面接近矩形。

（3）复合型地下商业建筑：街道型与广场型的复合，兼有两类的特点，规模庞大，内部布置比较复杂。

4. 基于空间组织特征 [166]

（1）步道地下商业建筑：步道式组合即通过步行道并在其两侧组织房间，常采用三连跨式，中间跨为步行道，两边跨为房间。

（2）厅式地下商业建筑：厅式组合即没有特别明确的步道，其特点是组合灵活，可以通过内部划分出人流空间。

（3）混式组合：混式组合即把厅式空间与步道式空间组合为一体，通常内部空间和规模较大。

5. 基于街道布局形式 [167]

地下商业建筑依据内部街道布局组织形式可分为线型、环线放射型、定向辐射型、网格型以及各种基本形状组合的不同形式 [167]。

由于本书主要研究空间环境中与设计特征相关变量对人员疏散行为的影响，因此主要从空间组织特征和平面布局特征来探讨地下商业建筑。结合调研中对地下商业建筑空间特征的梳理，参考耿永常等人 [166] 的类型划分方式（空间组织特征），本书根据业态构成和空间形态将地下商业建筑划分成地下商业街、地下商场和地下商业综合体三种类型。三种类型的主要特征如下：

（1）地下商业街：调研中最常见的地下商业建筑业态与空间组织形式。其内部主要通过步行道路和两侧商铺的形式组织，多为三连跨式，中间为步道，两边跨为商铺隔间，以百货类零售商品为主，也有餐饮、理发、美甲等服务业。

（2）地下商场：通常为大空间和专柜式的空间组合。没有特别明确的步道，没有明确的墙体分隔，内部空间比较灵活，多数为统一主题式的业态，如小食城、数码产品、超市、网吧等。

（3）地下商业综合体：商业街类型与商场类型组合式的地下商业建筑，通常规模较大。有的按不同的分区呈现商业街或商场形式，有的通过街道形式组合成不同的主题商场。有的地下商业综合体有数层空间。

调研的 25 个地下商业建筑分类特点见表 3.3。不同类型地下商业建筑的规模比较如图 3.2 所示。

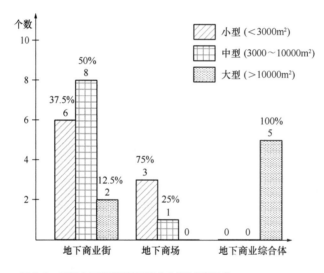

图 3.2 调研中不同类型地下商业建筑的规模比较

调研的地下商业建筑分类特点　　　　　　　　　　　　　　　　　表 3.3

空间业态类型	地下商业建筑名称	街道布局形式
地下商业街	观音桥世纪金街	网格型
	观音桥佳侬地下商场	网格型
	两路北城中央	复合型
	解放碑八一好吃街	线型
	南坪人防轻轨地下商业街	线型
	大坪金象世家	复合型
	杨家坪嘉运购物城	网格型
	杨家坪博浪购物城	线型

空间业态类型	地下商业建筑名称	街道布局形式
地下商业街	杨家坪西郊路地下商场	线型
	大渡口金华农贸市场	网格型
	菜园坝通发地下商场	定向辐射型
	沙坪坝沙美丽都地下商场	网格型
	沙坪坝钻酷地下商场	复合型
	解放碑轻轨名店城	环线放射型
	老成都三条巷	网格型
	锦江区优品城地下商场	线型
地下商场	解放碑名特小吃城	—
	解放碑名人匠坊家具市场	—
	石桥铺亿美美食城	—
	石桥铺亿美商场	—
地下商业综合体	观音桥金源不夜城	环线放射型
	南坪亿象城	线型
	大渡口九宫庙地下商场	线型
	远洋太古里地下部分	复合型
	天府广场地下商场	复合型

3.1.3 环境特征

1. 布局特征

从消防疏散角度的布局层面，调查了地下商业建筑的平面空间组织特征、业态特征、疏散路径特征、安全出口特征，并统计了各地下商业建筑的人员密度[①]数据。

1）整体空间布局与业态层面

不同类型地下商业建筑在空间构成和业态组成方面存在较为明显差别。在空间构成上：地下商业街以网格型、线型以及两者组合形成的空间为主；地下商场以厅式空间或集中式空间布局为主；地下商业综合体以辐射式空间或组团式空间为主，通常有较为明显的节点空间或中庭公共空间。在业态组成上：地下商业街以百货（服装、箱包等）售卖为

---

① 人员密度调研法采用分区域抽样调查，即调研人员在地下商业建筑内随机选定几个区域，统计人员数量，统计所选定几个区域内的人员密度代表整个地下商业建筑密度。有明显功能分区的地下商业建筑，对不同功能分区划分随机区域进行调研。根据规模，不同地下商业建筑划分 2～8 个随机人员密度统计区域。调研尽量选取建筑内滞留人员可能较多的日期和时间进行，如在周末和法定节假日。

主，业态较为单调；地下商场业态种类多，除百货外，主要业态构成还包括餐饮、家具建材等，但单个商场的业态也相对单一；地下商业综合体的业态多样性最丰富，通常同时包含百货、餐饮、休闲娱乐等多种业态。

从空间布局整体性直观而言，3 种类型地下商业建筑对人员消防疏散的影响有一定差异，特别是对人员的空间寻路方面。认知地图理论中，建筑空间特征是人员建立认知地图的重要因素之一，凯文·林奇的城市意象五要素通常被用于评估建筑内空间组织与寻路的关系[168,169]，表 3.4 为团队研究人员基于这 5 个要素从整体角度（不代表个体情况的差异）对不同类型地下商业建筑的评估，据此展示其在空间布局特征疏散寻路方面的特性。

2）疏散路径

疏散路径的布置需要保证建筑内任何地方的人员能够疏散到安全位置。疏散路径与人员的疏散活动息息相关，对火灾发生时的疏散时间至关重要。疏散路径在形式上包括了走廊、通道、过道、房间、门廊、阳台等，从调研结果看，地下商业建筑的疏散路径与其平时的功能流线不能分开，仅 1 例设置临时疏散路径（避难走道）。当前消防安全政策中重点关注了疏散路径在宽度和距离上的设计指标，建筑规范中规定了室内从最偏远位置到出口的行程距离限制，这些指标可根据室内采用的灭火系统和消防分区进行调节。根据已有研究，疏散路径本身的特性在许多方面会从心理上影响人员的疏散行为，特别是对寻路的影响，抛开与引导性的环境设计相关因素，这些因子包含了路径本身的复杂程度、节点数量、路径的相对宽度等特征。基于这些研究，在满足现有规范的情况下，不同的路径在布局上的差异很可能导致消防紧急情况下不同的疏散性能。

基于凯文·林奇城市意象五要素评估不同类型地下商业建筑在寻路认知层面的特性　　表 3.4

	地下商业街	地下商场	地下商业综合体
路径	道路规则化、同质化严重，缺乏个性，在不同方向上缺乏可认知规律，因此人员缺乏方向感，比较难以建立认知地图（评估：差）	通常为厅式空间、大堂式布局，没有明确的步道组合特征，路径的可识别性依赖建筑内其他特征（评估：差）	通常为辐射式或组团式空间布局，路径在可识别性和方向性上好于其他两种类型（评估：好）
边界	道路往往较为狭窄，空间封闭性强，墙面在色彩、材质、装饰设计方面同质化严重，可识别性和方向引导性差（评估：差）	厅式空间往往边界模糊，内部柜台、货架和大厅墙面都可能构成人员对空间边界的识别，从疏散角度，这种边界帮助人员建立正确的疏散信息取决于边界的特色和标志性，调研对象在这点上参差不齐（评估：中）	重要的界面通常划分不同的功能区域，墙面的装饰设计、纹理特征通常有一定的变化，边界的可识别性和引导性较好，但这种丰富性与建筑的建设年代相关，修建较久的该类建筑在边界处理上仍然比较同质化（评估：中）

	地下商业街	地下商场	地下商业综合体
区域	空间视野极为有限，区域呈现同质化，业态分区不明确，商业氛围差别不明显，缺乏辨识特征（评估：差）	通常为单个开敞式空间，空间视野性较好，人员能较好辨别自身位置（评估：好）	分区在业态、功能、主题上往往做了一定区分，不同区域在装饰特征、背景音等层面存在差异，有一定辨识特征（评估：中）
节点	节点空间弱化，在地下内部出入口位置不明显。为追求经济效益，平面上的节点位置往往也被商铺占用，在实际感受中仍类似于普通步道（评估：差）	节点空间弱化，因空间通透，出入口位置感知较明显，部分多层地下商场在主竖向交通位置设立中庭空间（评估：中）	节点空间较多，通常为不同功能或业态分区的结合处，也有部分具有公共休息区间或规模较大的中庭空间，并作为出入口之一（评估：好）
标志物	大部分室内可称之为标志物的对象较少，部分设置有雕塑、自然采光装置等（评估：差）	标志物较少（评估：差）	通常有雕塑、中庭、自然采光装置等，也有部分业态如电影院、游乐场可作为标志物认知（评估：好）

地下商业建筑中的路径通常具有视觉上较明显的主次层次（图3.3），主通道主要为连接各个主要出口或内部较大节点空间的路径，通常形成环道关系。3种类型的主通道和次通道宽度对比如图3.4所示。地下商业街的疏散通道宽度最小，主通道宽度平均值为2.78m，其中最窄的主通道仅为1.7m，次通道宽度平均值为1.92m，其中最低值仅为1.2m；地下商场主通道宽度3m以上，均值5.35m，次通道宽度2m以上，均值3.05m；地下商业综合体主通道宽度达到6m以上，均值7.16m，次通道3m以上，均值3.95m。

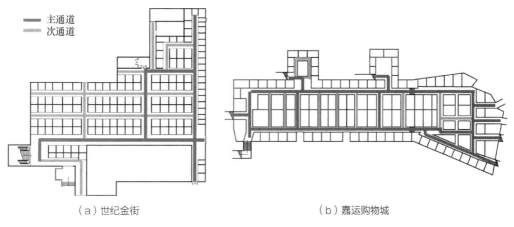

　　主通道
　　次通道

（a）世纪金街　　　　　　　　　　　　（b）嘉运购物城

图3.3　地下商业建筑中通道的主次层次

从使用现状看，通道被商家或其他物品占用在地下商业街中是极为普遍的现象（图3.5），这导致本来就窄的疏散路径有效宽度进一步减少。

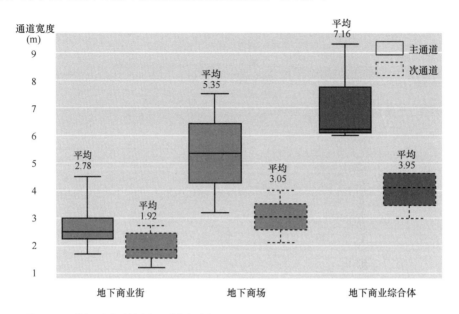

图3.4　3种地下商业建筑主次通道宽度对比

（a）商家装修占用疏散路径　　　　（b）商家货物占用疏散路径　　　　（c）餐饮家具占用疏散路径
　　　（金象世家）　　　　　　　　　　　（北城中央）　　　　　　　　　　（世纪金街）

图3.5　地下商业建筑疏散路径被占用

　　研究认为疏散路径布局的复杂程度对疏散总体时间具有较大的影响，依据是从寻路行为出发，更多的路径选择不仅因决策增加疏散时间，还可能因选择错误路径增加其总体疏散距离[170]。Yoshimura提出了一个基于人员到达疏散出口经过的节点评估室内疏散复杂度的简单公式（式3.1）：

$$c_{ij} = d_0^{-1} \times d_1^{-1} \times d_2^{-1} \times \cdots \times d_{n-1}^{-1} \prod_{h=0}^{n-1} d_h^{-1} \qquad (3.1)$$

式中　c_{ij}——人员从 i 点到出口 j 点的疏散路径复杂度；

　　　h——人员经过的节点数量；

　　　d_h——节点连接的路径数量。

基于该公式，疏散路径的复杂度由人员经过的节点数量和每个节点连通的路径数量决定，因此与室内总体节点连接路径数成线性正比。Notake 等人[170]发展了该理论，考虑疏散距离和出口数量，并得到结论：除节点数量外，疏散路径的复杂度还与室内总体路径长度成线性正比，与出口数量成线性反比。建筑室内疏散路径复杂度可表达为（式 3.2）：

$$C = \sum_{h=1}^{n} d_h \times L \times E^{-1} \qquad (3.2)$$

式中　n——总的节点数量；

　　　d_h——第 h 个节点连通的路径数；

　　　L——室内路径总长度；

　　　E——出口数量。

基于该理论，对比重庆较为典型的地上商业建筑一层和与之面积相近的地下商业建筑（表 3.5）可以看出，地下商业建筑中，地下商业街类型具有较高的疏散路径复杂度，地下商场和地下商业综合体从疏散路径来看，其复杂度与地面商业建筑并没有明显的差距。从该理论的解释来看，地下商业街在路径布局上的以下特性导致了人员疏散的不利：

（1）路径分布较密，在相同面积内地下商业街的路径数量通常更多，宽度更窄，因而导致其整体疏散路径长度变长；

（2）室内交叉口较多，因而对人员疏散中的寻路选择正确率不利。

基于 Notake 等人疏散路径复杂度理论[170]
对比地下商业建筑和地上商业建筑疏散路径复杂度　　　　表 3.5

		名称	面积(m^2)	$\sum_{h=1}^{n} d_h$	L (m)	E (个)	疏散复杂度
地下商业建筑	地下商业街	世纪金街	2681.7	52	363.9	4	4821.7
		嘉运购物城	3948.4	97	605.7	5	11750.6
		金象世家	7762.9	137	998.5	8	17099.3
	地下商场	亿美商场	2802.6	47	315.1	7	2115.7
	地下商业综合体	金源不夜城	23723.9	65	757.5	17	2896.3

	名称	面积（m²）	$\sum_{h=1}^{n} d_h$	L（m）	E（个）	疏散复杂度
地面商场（一层）	龙湖时代天街 A 馆	23056	117	1195	21	6657.9
	三峡广场王府井	4129	57	485	7	3949.3
	解放碑新世纪百货	2160	53	278	7	2104.9

作为目前数量最多的地下商业建筑类型，地下商业街的开发利用特性和商业模式决定了其布局模式不利于疏散，因而在设计层面的消防疏散性能评估特别重要。 上述基于路径复杂度的评估方式仅考虑了少数的几个因子，人员行为也受到地下商业建筑其他环境特性和心理层面的影响，需要采用仿真方法考虑更多的因子以提高评估的准确性。

3）安全出口

我国现行法规中地下商业类建筑不能使用自动扶梯、电梯等设施作为疏散方式，地下商业建筑安全出口一般与楼梯结合设置。 在调研中，安全出口呈现多种形式，主要有直跑楼梯、折跑楼梯、楼梯间、平出、坡道五种方式（图3.6）。 其中直跑楼梯、折跑楼梯和坡道多作为地下商业建筑正常人行出入交通的出入口。 直跑楼梯具有更好的出口提示意象，折跑楼梯因无法直接看到室外自然光线，人员往往需要借助标志才能确认其为到地面的安全出口。 从外部空间看，这种出入口有独立建筑式、棚架式、下行楼梯式和下沉广场式等类型（图3.7）。 不同类型的入口外部空间形式对光线进入地下空间的遮挡作用不同，在室内的感知也存在区别：独立建筑式出入口引入室内自然光相对较少；下沉广场式出入口人员感知较明显，范围较远；楼梯间多用于独立的安全出口，较少承担常态下的人员交通，通常为封闭楼梯间形式，地面空间通常以提示不明显的构筑物或门的形式出现。 另一个问题是，实际调查中发现部分疏散楼梯间不可用，绝大部分情况是商场管理人员为管理便捷，封闭了部分安全出口，如金源不夜城 13 个安全疏散楼梯间中 12 个在常态下处于封闭状态，另一种情况是货物堆放堵塞（图3.8）。 平出式出口，主要是地下商业建筑在城市下沉广场的出入口处，另外重庆部分地下商业建筑因山地高差也有部分出口直通室外，部分出口通向非地面安全空间，如人防空间。

依据现行规范，出入口数量主要与建筑面积和防火分区有关。 地下商业建筑在安全出口设计时按 70%营业厅面积、密度 0.6 人/m²、百人疏散宽度 0.75m 等指标计算安全出口总宽度。 从调研情况看，地下商业街中总的安全出口宽度有 37.5%不能满足上述规范，地下商场和商业综合体基本满足，这应该主要与建筑修建年代相关。 从建筑面积与安全出口数量之比，即疏散出口的密度分布来看，地下商场的安全出口密度最高，平均每

（a）直跑楼梯（金源不夜　　　（b）疏散楼梯间　　　　（c）折跑楼梯
城主要出入口）　　　　　（金源不夜城）　　　　（八一好吃街）

（d）坡道出口（金华农贸市场）　　　（e）直通室外平出口（嘉运购物城）

图 3.6　地下商业建筑中不同的安全出口形式

（a）棚架式出入口　　（b）独立建筑式出　　（c）下行楼梯　　（d）下沉广场式出入口
（金象世家）　　　　入口（世纪金街）　　式出入口　　　（天府广场今站购物中心）
　　　　　　　　　　　　　　　　　（钻酷地下商场）

图 3.7　地下商业建筑出口外部空间形式

495.9m² 有一个安全出口，其次为地下商业街，平均 810.4m²，地下商业综合体密度最低，平均 1492.1m²（图 3.9）。

（a）金源不夜城大量疏散
楼梯间被管理员封闭

（b）佳侬地下商场货物
堆放堵塞的某安全出口

图3.8 安全疏散楼梯间被堵塞情况

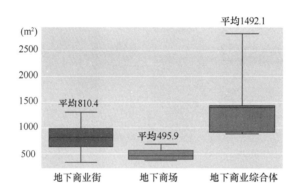

图3.9 3种类型地下商业建筑的建筑面积与疏散出口数量
之比箱体对比图

安全出口一般通向地上室外或城市下沉广场，也有部分通向人防空间内。在所有调研的建筑中，仅有远洋太古里地下商场因路径过长设置了避难走道，大概有一半的安全出口通向避难走道来组织室内的安全疏散（图3.10）。

2. 疏散引导设施

疏散引导设施代表了在消防安全设计层面有意提供给人员选择正确疏散路径方向的设计信息，属于前文所述的明示信息。该方面目前与地上商业建筑设置规范没有差异，可见设施主要为疏散指示标志、疏散地图两种。

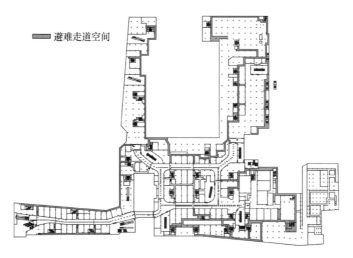

图 3.10　远洋太古里商场地下部分通过设置避难走道组织室内疏散

1）疏散指示标志

疏散指示标志根据其位置有地面、墙角、顶部三种类型（图 3.11），调研统计了其中 20 个地下商业建筑的疏散标志数量和位置分布情况（图 3.12），其中 75.5% 的标志位于地面，20% 的标志位于顶部，位于墙角的标志数量较少。总体看较为常见的标志使用方案为顶部标志与地面标志相结合，其中地面标志相对数量最多，分布密度最高。墙角标志的设置主要受限于商业布局，大部分铺面完全敞开、内街墙面少，因而使用频率较低，仅有金源不夜城采用了全墙角标志的方案。一些地下商业建筑采用了全顶部疏散标志的方案，如金华农贸市场、八一好吃街和名人匠坊家具城，浓烟情况下对疏散引导不利。疏散指示标志的使用特点与分布密度与地下商业建筑的类型关联性不大，主要是由内部布局和业态特征决定。

图 3.11　地下商业建筑中的疏散标志种类

疏散指示标志使用现状中存在的其他问题有：大部分地面标志不能自发光；部分标志损毁和被遮挡；环境信息对疏散指示标志存在干扰，甚至一些商业标志在外观上采用了与疏散标志类似的配色和文字布局。

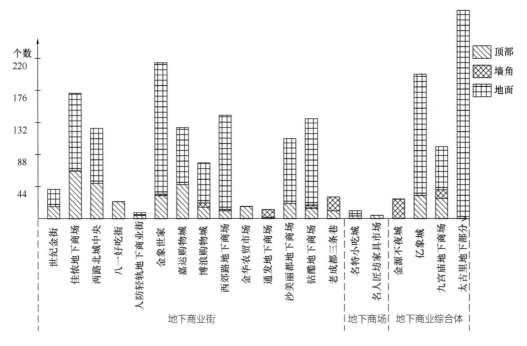

图 3.12　地下商业建筑疏散标志数量与位置统计

2）疏散地图

疏散地图数量情况如图 3.13 所示。地下商业综合体类型疏散地图相对较多，其次是

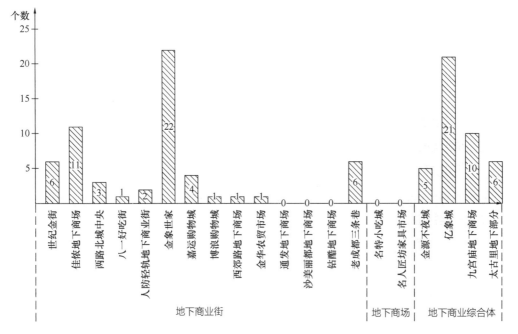

图 3.13　地下商业建筑疏散地图数量统计

　地下商业建筑人员消防疏散行为与建模

地下商业街，厅式的地下商场调研中未发现设置疏散地图，其中约有一半的地下商业建筑仅有一张或没有任何疏散地图（图3.14）。存在的问题主要有两点：①大部分地下商业建筑的疏散地图位于出口附近而非分布于建筑内部，其中仅有大坪金象世家在内部布置了较多的疏散地图，观察发现，商场游客几乎无人会阅读这些位于出口附近的疏散示意图；②有近一半的疏散地图未标示所在位置，非专业人士使用这种地图寻找当前的疏散路径可能存在困难。这两点让地下商业建筑中的疏散地图在紧急情况下的引导作用大打折扣。

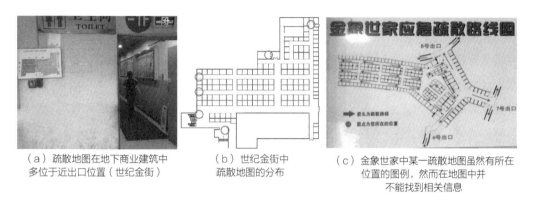

（a）疏散地图在地下商业建筑中多位于近出口位置（世纪金街）　　（b）世纪金街中疏散地图的分布　　（c）金象世家中某一疏散地图虽然有所在位置的图例，然而在地图中并不能找到相关信息

图3.14　地下商业建筑疏散出口分布情况

3. 影响人员疏散行为的潜在环境暗示线索

从环境心理学出发的 HBIF 研究明确了人类在火灾中的决策与周围环境相互关联。环境对人的心理、行为产生作用，同时人的心理过程也影响人对环境所表达含义的创建。疏散决策理论[171]和认知地图理论[152]解释了人员在疏散不同阶段与外部环境的信息互动和决策过程，基于这些理论，火灾中影响人员行为的潜在外部环境根据其特征被解构和抽象成"环境线索"。疏散的过程伴随着人员对这些环境线索的解释，这类环境线索可分为明示信息与暗示信息两种（在 Weisman[154]的分类方法中被抽象成四种类型的建筑线索）。同时环境线索对不同的人员影响是不同的，在疏散过程中不同的人员也会遵循不同的策略进行疏散。

作为一类特定的建筑类型，地下商业建筑中具有一系列较为独特的环境意象特征，其中一些特征构成了对人员消防疏散行为影响的潜在环境线索。根据对重庆、成都地区地下商业建筑的广泛调研，结合了 Jung 等人[172]、Sun[173]、Abu-Safieh[158]、Vilar 等人[151, 155]在研究中提出和研究的一些影响人员消防疏散行为的暗示信息环境线索，共提取出 10 种潜在暗示线索环境因子。这些因子被分成空间差异化特征和可感知特征两类[154]，见表3.6。

地下商业建筑中影响人员疏散行为的潜在环境暗示线索因子　　　　表 3.6

因子		对疏散行为的影响假设	示意图	真实场景
空间差异化特征	路径相对宽度	疏散者倾向于认为较宽的路径是室内主轴线上的路径，能够引导其至出入口		
	采光天窗	地下空间中自然采光具有与室外连通的属性，疏散者会倾向于选择具有采光天窗的方向		
	采光中庭	采光中庭通常结合地下空间出入口设置，疏散者认为可能在中庭位置更容易找到出入口		
	路径柱网	柱网空间通常暗示着室内的主轴线路径		
	向上台阶	疏散者可能倾向选择向上台阶以到达更靠近地面的位置		
	向下台阶	同理，疏散者可能倾向于不选择向下的台阶		
	自动扶梯	疏散者可能利用自动扶梯进行疏散		
	门	疏散者认为门后可能是疏散楼梯间		

　　　　　　　　　　　　　　　　　　　　地下商业建筑人员消防疏散行为与建模

因子		对疏散行为的影响假设	示意图	真实场景
可感知特征	路径照度	疏散路径的照度可能影响人员紧急情况下的疏散选择，Abu-Safieh 对此进行了初步实验研究		
	路径色彩	色彩被认为会影响人员的情绪，可能会影响紧急情况下的疏散行为，地下商业建筑中有大量统一的色彩倾向		

在调查问卷最后一个问题中，受访者被要求在假想的地下商业建筑火灾疏散事件中评估这些因子，对这些因子影响疏散路径选择或者暗示出口方向的程度排序并进行必要的解释。问卷调查结果对各项因子进行分数加权[①]并排名，统计结果见表 3.7。

调查问卷对环境暗示线索因子的评分统计 　　　　表 3.7

排名	因子	加权平均分	标准差	选择数
1	采光中庭	9.06	1.53	372
2	向上台阶	7.08	3.54	307
3	采光天窗	5.41	4.36	231
4	路径柱网	4.17	3.82	208
5	路径宽度	4.12	3.9	206
6	门	1.7	2.97	105
7	自动扶梯	1.28	2.63	76
8	路径照度	0.9	2.16	59
9	路径色彩	0.45	1.54	32
10	向下台阶	0.08	0.67	6

---

① 每个因子根据其被填的排序位置 1~10，分别以 10，9，8…1 计分，未被选中者计 0 分，总的分数除以调查问卷份数得到加权平均分。

根据调查、访谈和问卷统计结果可以得出：

（1）从受访者的评估结果来看，10 种暗示信息因子都在不同程度上影响人员在疏散时的行为决策。

（2）受访者对环境因子的评估差距较大，每人平均选择了 4.26 个因子，没有人在答案中选择了全部 10 个因子。表明建筑环境线索对不同人员疏散时的吸引力不同，疏散者具有不同的路径搜索策略与环境选择偏好，因此在地下空间的设计中不能假设疏散者会遵循同样的疏散策略与模式。

（3）在所有因子中，具有与到达地面直接性暗示的相关因子得到了较高的评分，其中与自然采光有关的采光中庭、采光天窗和向上台阶被认为是到达出口方向最强烈暗示的环境特征；其次是作为商业空间主要轴线的较宽路径和柱网空间，受访者认为沿着这种路径搜索能够到达建筑的主要出入口位置；门、自动扶梯和疏散路径的照明亮度被视为较弱的出口暗示特征，其中部分受访者认为自动扶梯是火灾中的不安全因素，非万不得已下不会使用；最弱暗示信息是路径色彩和向下台阶。

（4）假设研究存在许多潜在的偏差，其中最重要的是大部分受访者并未经历过火灾疏散事件，在火灾疏散压力状态下和非压力状态下人员的决策与行为可能具有显著差别，因此需要采用更恰当的方法对这些环境因子进行研究。

3.1.4　人员特征

根据因子分析框架，影响消防疏散行为的潜在人员因素众多，这些因素中包含了人员在生理、社会和心理层面的固有特征，在本次调研中，尽可能地搜集并统计了人员在这部分的相关特征。主要调查方式包括调研人员现场抽样观察计数[1]和对现场随机发放调查问卷统计两种方式。各项特征的调研方法见表 3.8。

地下商业建筑人员特征调查方法

表 3.8

人员特征	主要调研方法	是否按类型调研
性别	抽样调查	是
年龄	调查问卷统计	否
角色	抽样调查	是
学历	调查问卷统计	否

---

　①　抽样调查方法与前文中的密度调查相似，由调查人员在地下商业建筑随机选择的区域中统计人员的某些特征，如性别，最终汇总各区域的调查数据得到最终数据。

人员特征	主要调研方法	是否按类型调研
职业	调查问卷统计	否
火灾经历	调查问卷统计	否
消防安全培训	调查问卷统计	否
消防基础知识	调查问卷统计	否
日常寻路行为	调查问卷统计	否

1. 性别

根据统计，在正常休息日，地下商业建筑中的人员性别构成女性多于男性（图 3.15），其中地下商业建筑人员性别差异最大，女性与男性比例接近 2 : 1；其次为地下商业综合体，女性占比约 62.4%，男性占比约 37.6%；地下商场中的人员性别构成比例接近 1 : 1。其中的差异性或许与 3 种类型的业态构成有关，地下商业街和地下商业综合体主要以百货售卖为主，其中服饰箱包等较多，从业者和购物者以女性居多；地下商场中的业态构成以餐饮为主，从业者和顾客性别比例接近。

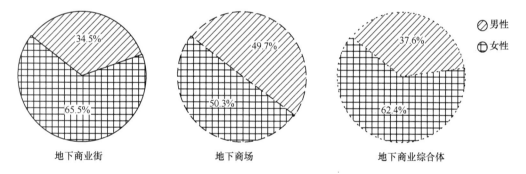

图 3.15　不同类型地下商业建筑在休息日人员的性别比例特征

2. 年龄

根据现场发放的问卷①，青年人占比较高，达到 69.4%，其次为中年人，占比 20%，儿童较少，占比 10%，老年人最少，占比不到 1%（图 3.16）。按照 5 岁间隔的细粒度统计，地下商业建筑中人员的年龄结构呈现类正态分布，其中以 20~30 岁区间年龄人员最多（图 3.17）。

---

①　人员年龄按照疏散计算或模型中常用的儿童（0~17 岁）、青年人（18~40 岁）、中年人（41~65 岁）、老年人（≥66 岁）进行分类。

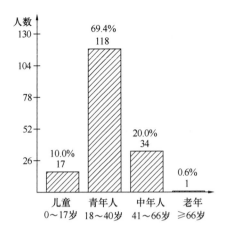

图 3.16 地下商业建筑中人员年龄分布情况

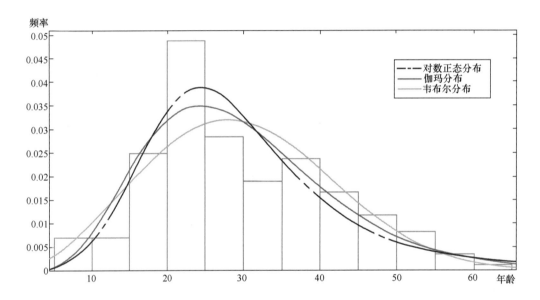

图 3.17 地下商业建筑中人员年龄分布频率拟合

3. 角色

人员角色类别主要包括商场工作人员（商铺从业者）和商场顾客。角色与影响消防疏散行为的一些重要因素，如对环境的熟悉程度、对火灾的态度、消防培训经历等关系紧密，是影响人员消防疏散行为的重要个体特征。图 3.18 为 3 种类型地下商业建筑中人员角色的比例统计，其中商铺式的地下商业建筑中，商场工作人员数量占比较大，与顾客比例为 1∶2.5，地下商场中比例约为 1∶7，地下商业综合体中比例约为 1∶6.2。另外，调研中发现，大部分进入地下商业建筑的顾客都是以家庭或朋友构成的小群体形式，小群体规模通常不大，2~4 人较为常见。

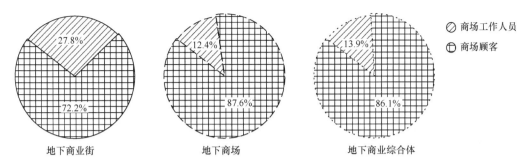

图 3.18　地下商业建筑中人员角色占比

4. 学历

学历水平问卷中设置了 5 个选项，分别为：小学、初中、高中/中专、大学本科/大专以及硕士以上。 在该问题有效作答的问卷中，以高中/中专类学历占比最多（达 35.3%），其次为初中（占比 27.1%）、本科/大专（占比 24.7%），其他类型学历的人员较少，如图 3.19 所示。

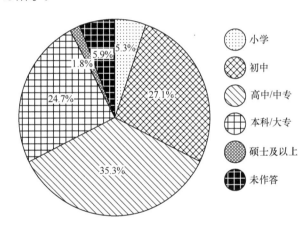

图 3.19　地下商业建筑中人员学历构成

5. 职业/专业

人员的职业和专业知识背景被认为与其在紧急情况下建立空间认知地图、方向感、火灾感知能力等因素有关。 我国职业的分类项较多，在本研究中难以将各项职业类别与疏散行为进行关联性研究，从现有文献来看，在空间寻路相关研究中通常把人员的专业知识背景分为建筑类和非建筑类，前者被认为在空间和消防安全相关知识层面与后者有差异。本书中关于人员职业和专业相关特征主要关注其是否具有建筑相关专业从业经历或学习经历，因此后文中分成建筑和非建筑两类。 在实地调研发放的调查问卷中，具有建筑专业背景的人员在地下商业建筑的抽样样本中占比约 10%。

6. 消防疏散安全知识

个人在消防安全方面的经验与知识被认为对逃生成功机会有重要影响，具有火灾经

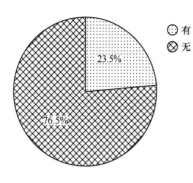

图 3.20　遭遇火灾经历统计

历、进行过培训或具有较好的消防安全知识被认为火灾发生时能采取更恰当的应对手段。 在实地发放的170份有效问卷中，曾遭遇过火灾的人员占比23.5%（图 3.20）；有 34.1% 的人员曾进行过消防演习（图 3.21）；消防安全培训经历设置了 4 个多选选项，绝大部分人员有过一项或以上消防安全相关的培训经验，其中，60.6% 的人员有过一项消防安全培训经历，20.6% 的人员有过两项消防安全培训经历，10% 的人员进行过三项及以上的消防安全培训，

8.8% 的人员没有任何消防安全培训经历（图 3.22）。 另外，从访谈中得知，调研中的大部分地下商业建筑，包括全部地下商业街的从业者，都需接受管理方组织的消防安全培训，并定期开展消防疏散演练。

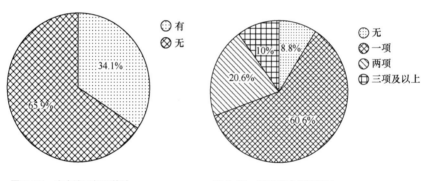

图 3.21　火灾演习经历统计　　　图 3.22　消防安全培训统计

在消防安全知识的测验中，问卷设置了 3 道题目分别测验受访人员对常见消防安全标志识别、常见消防安全装置识别、消防设备使用熟练程度自评，用以评估人员在火灾疏散阶段掌握的安全知识程度。 统计结果如图 3.23 所示。 尽管绝大部分人员都进行过消防安全相关培训，但能够较好识别各种常见消防安全标志、消防安全装置的人员均不超过一半，其中 40.7% 的人员无法完整认知常见消防安全标志。 18.9% 的人员不能认知大部分建筑中常见的消防安全装置。 自认为能够较好使用各种消防安全设备的人员占比约20%；认为不会使用，或不太熟悉使用的约占 1/3。 可见，地下商业建筑内人员实际的消防安全知识水平并不高。

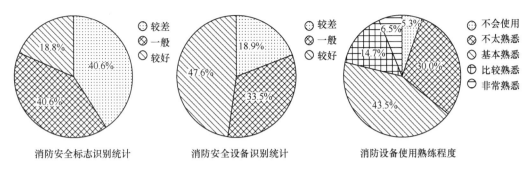

消防安全标志识别统计	消防安全设备识别统计	消防设备使用熟练程度

图 3.23　与疏散相关的消防安全知识评测统计

7. 日常寻路行为

为评估受访者日常在地下商业建筑中的寻路行为与能力，调查问卷设置了 4 个问题：①是否主动了解地下商业建筑空间路径特征；②寻找地下商业建筑出口难度；③在地下商业建筑中的方向感；④在地下商业建筑中记忆并返回原出口的难度。人员日常在地下商业建筑中的寻路行为与能力可能与其在紧急情况下寻找正确出口的机会存在关系。

统计结果如图 3.24 所示。根据调研及访谈，仅有不到 10% 的人员会主动了解地下

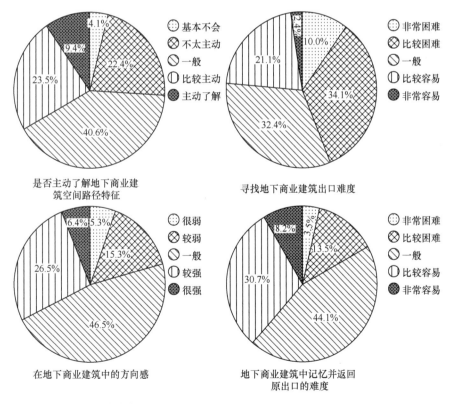

图 3.24　日常寻路行为统计

商业建筑中的空间路径信息，采取的一般方法为观察并主动记忆路线、阅读疏散地图、观察指示标志、记忆标志物等，超过 1/4 的人不太主动或完全不会关注空间路径相关信息。从人员自身寻路方面的能力看，仅有 2.4% 的人员认为在地下商业建筑中寻找出口非常容易或比较容易，44.1% 的人员认为比较困难或非常困难；约 1/3 的人员在地下商业建筑中具有较强的方向感，20.6% 的人员方向感较弱或很弱；38.9% 的人员能够较好记忆来时的路径并返回原入口，17% 的人员认为难以记忆并返回原入口。

3.1.5　火灾特征

1. 地下商业建筑火灾隐患分析

由于地下商业建筑内营业种类繁多，功能设施复杂，火灾隐患更多，所以火灾发生概率比地面建筑更高。 地下商业建筑火灾隐患主要包括以下 3 个方面：

1）电器设备多

地下商业建筑因为处于地表以下，无法在墙壁上开窗，内部空间的采光通风主要是靠照明灯具、空调等电器设备。 根据消防部门统计数据，近年来商业场所和地下建筑中电气火灾发生的次数占火灾总次数的五成以上[164]，损失亦很惨重。 所以，数量巨大、种类繁复的电气设备，必然使得地下商业建筑存在巨大的火灾隐患。

2）可燃物种类多、数量大

地下商业建筑发展逐渐趋向综合化，和地面商业建筑类似，商业品种多样，摆放密集。 另外，其内部空间装修追求精美豪华，用来招揽顾客。 而装修多以木质、化纤材料为主，还伴有大量的化学易燃材料，使得建筑结构的火灾荷载增多。 而且发生火灾后，这些材料的燃烧会产生大量的浓烟与毒气，不仅会对人员寻找疏散路线有所影响，还会对疏散人员的身体造成危害，危险性大。

3）人员构成复杂，起火因素多

地下商业建筑属于公共民用建筑，具有良好的开放性。 内部人员身份复杂，除了相对固定的经营者之外，消费者、通勤者等其他人员都具有一定的随机性，故突发事件发生概率增加。 例如吸烟者将未灭的烟头乱扔等不安全行为引起火灾并不在少数[164]。 另外，建筑内餐饮娱乐等店家不仅容易产生大量的易燃垃圾，生产作业本身也很容易引发火灾。 不同类型的地下商业建筑，其内部人员的年龄、性别、身份等特征分布也不尽相同，一般购物场所老年人偏少，但一些社区附近的地下商业建筑进去休闲的老年人占了很高的比例。

2. 地下商业建筑火灾特点分析

1）烟气不易清散

地面建筑发生火灾时，火场里的烟气、热量大约有七成是通过门窗直接排到室外的。而地下商业建筑由于在地表以下，大部分空间被土层包围，内部空间缺乏门窗与外部连通，大部分地下建筑只能通过与地面相连的出入口和通风管道排烟散热，效果并不好，一些有采光天窗或是露天中庭的地下商业建筑效果相对好一些，但是总体还是不及地面建筑。同时，地下建筑内空气一旦不足，火灾将持续长时间阴燃，该阶段会产生大量的烟雾与有毒气体，影响地下建筑内人员的快速疏散，也对疏散人员生命财产造成严重威胁。

2）迅速形成高温火场

由于地下商业建筑相对封闭的室内环境，导致其建筑本身排热性差、散热缓慢，内部空间温度持续、迅速地上升至八九百摄氏度，最高甚至可以达到 1000℃ 以上。地下建筑内的空气也会随着温度升高而体积膨胀，压力增大。此时，一旦接触到高温的可燃物质会瞬间引燃并且迅速蔓延。前文研究背景里提到的地下商业建筑发生过的重大火灾，火场内均出现了高温蔓延现象。

3）火灾时容易出现轰燃与爆炸

由于地下商业建筑内部空间不仅有相对的封闭性，而且类似于超市、电影院以及网吧这种扁平大空间也非常多。一旦火场内出现高温蔓延现象，极易发生轰燃，大量的浓烟伴随高温火焰，容易给疏散人员造成精神压力，人群易出现集体恐慌，对地下建筑内人群有组织疏散带来负面影响。同时，地下火场内因燃烧所产生巨大热量若不能及时排出，将导致地下建筑内单位体积能量高度聚集，最后引发地下商业建筑火灾中的爆炸。

3.2 消防疏散行为影响因子筛选

地下商业建筑人员消防疏散行为影响的潜在因子众多，但对本研究而言，由于现有的研究基础缺乏，研究方法局限，并不是所有的因子都具有研究可行性。因此在进一步研究人员疏散行为与影响因素关系以及建立可计算模型前，需要对现有的潜在影响因素进行探索性因子分析，根据本研究主要针对工程设计和量化方式的研究方法，筛选出其中重要的影响因素。由于在该领域，特别是针对地下商业建筑，既缺乏可用于先验的相关理论，也缺乏可用于后验的相关数据，因此探索性因子分析采用集合众多专业者知识与经验的专家调查方法（德尔菲法）进行[174]。

3.2.1 候选因子集

根据本书第 2 章中的文献调研和本章中的实地调研，共选择 38 个地下商业建筑人员消防疏散的潜在影响因子作为候选研究因子，见表 3.9。考虑到该研究的复杂性和现有基础知识缺乏，从支持工程设计和量化研究角度，对第 2 章中提出的潜在因子分析框架中的因素分类进行了整合，其中人员因素分为个体、社会和自组织现象，将原情景因素合并到个体因素中，从工程设计或模型角度来看，无论是人员固有相关属性还是在地下商业建筑中的特定属性都属于从分布特征和影响机制角度开展研究的人员背景属性；根据研究中广泛使用的分类法，与设计相关的建筑环境因素分为建筑设计和环境暗示线索两类，其中前者主要是现有消防安全设计相关的设计指标，后者是可能影响人员疏散行为的潜在环境配置。

地下商业建筑消防疏散行为候选影响因子 表 3.9

因素类型		因素	因素类型		因素
人员因素	个体因素	性别	建筑环境因素	建筑设计	建筑布局
		年龄			疏散路径
		角色			安全出口
		学历			疏散楼梯
		对建筑熟悉程度			疏散标志
		抗压能力			疏散地图
		速度或行动能力			疏散引导箱
		身体健康状况		环境暗示线索	采光中庭
		体重指数			采光天窗
		方向感			台阶
		专业背景			柱网空间
		消防培训经历			路径相对宽度
		消防演习经历			色彩
		火灾经验			照明
		种族			门
	社会因素	小群体			自动扶梯
		领导者/羊群效应	火灾因素		火灾可见性
		工作任务			
	自组织现象	速度/密度/流量			烟气
		其他行人流自组织			

3.2.2 评价方法

采用德尔菲法,通过征询专家意见从上述候选研究因子中选取地下商业建筑人员疏散行为的重要影响因子并开展后续研究。针对上述 38 个后续因素指标,编制专家咨询表,总共进行 2 轮问卷调查,以现场填写和邮件发送方式进行。

在重庆、四川范围内选取 20 名相关领域专家,专家背景包括建筑安全相关领域研究学者和有建筑消防安全设计实践经验的设计师,并且从事专业领域工作 5 年以上。在进行问卷调查前,将地下商业建筑人员消防疏散行为影响因素相关的理论知识(主要是第 2 章内容)和地下商业建筑消防疏散调研相关内容(主要是本章相关内容)整理成报告发送给每位专家,并告知了本研究主要采用的量化研究方法(因子研究基于问卷调查的假设研究和基于 VR 的严肃游戏方法,并对量化结果进行模型研究)。在进行第二轮咨询之前将第一轮问卷的统计结果匿名发送给每位专家,以第二轮结果作为最终筛选标准。对于每个指标,要求专家对其重要性、量化研究可操作性[175]、判断依据和熟悉程度[176]进行赋值,并可以针对每个指标提出必要的意见或建议,赋值情况见表 3.10。

指标重要性和可操作性等级、判断依据、熟悉程度评分表　　　　表 3.10

重要性等级与评分	量化研究可操作性等级与评分	判断依据等级与评分	熟悉程度等级与评分
非常: 5	非常: 5	实践经验: 1.0	熟悉: 1.0
比较: 4	比较: 4		较熟悉: 0.8
一般: 3	一般: 3	理论分析: 0.8	一般: 0.6
不太: 2	不太: 2	参考文献: 0.6	不太熟悉: 0.4
不: 1	不: 1	直观直觉: 0.4	不熟悉: 0.2

主要统计的评价指标有:有效问卷回收率(专家积极程度)、均数与满分比(反映专家意见集中程度)、变异系数和肯德尔和谐系数(Kendall's coefficient of concordance W)(反映专家意见的协调程度)[177-179]。最终的指标筛选标准中,需满足指标在重要性和可操作性上算术平均值大于 3.5 分,满分频率大于 20%,变异系数小于 0.25[180],统计软件主要采用 IBM SPSS 25.0 进行。

3.2.3　结果与分析

1. 专家积极程度

类似评价模型中通常以问卷回收率作为专家积极程度的参考标准。 本研究第一轮发放问卷 20 份，回收有效问卷 20 份，有效回收率 100%；第二轮发放问卷 20 份，回收有效问卷 20 份，有效回收率 100%。

2. 权威程度

权威程度表明了专家在该问题上结论的可靠性。 权威程度 C_r 一般通过专家在该问题上的判断系数 C_a 和熟悉程度系数 C_s 表示： $C_r = (C_a + C_s) \div 2$。该值大于 0.7 即表示问卷结果可接受[180]。 本研究中，最终专家的判断系数均值 C_a 为 0.781，熟悉程度均值 C_s 为 0.634，每项指标权威系数 C_r 为 0.708，可信度较高。

3. 协调程度

协调程度结果见表 3.11。 在第一轮咨询中，专家对各分级指标的重要性和量化可操作性评价的协调系数（W）分别为 0.396 和 0.262，$P < 0.001$，具有统计学意义。 第二轮专家咨询结果，对指标重要性评价的协调性上升为 0.481，对量化研究可操作性评价的协调性上升为 0.375。 因此认为在第二轮专家咨询中，各专家意见趋向集中，评价结果可信。

两轮咨询专家意见协调程度　　　　　　　　　　　表 3.11

轮次	重要性			量化研究可操作性		
	协调系数 W	χ^2	P	协调系数 W	χ^2	P
第一轮咨询（n= 20）	0.369	293.221	< 0.001	0.262	193.544	< 0.001
第二轮咨询（n= 20）	0.481	116.453	< 0.001	0.375	101.728	< 0.001

4. 指标筛选与意见分析

经过两轮的专家咨询，对最终的评价结果进行统计处理与分析。 根据常用的指标筛选统计学标准，采用重要性和量化研究可操作性均数大于 3.5，满分比大于 20%，变异系数小于 25%的指标筛选出最终的研究指标。 统计结果见表 3.12。

最终专家问卷中指标重要性和可操作性评分 表 3.12

因素类型		因素指标	重要性			量化研究可操作性		
			均数	满分比	变异系数	均数	满分比	变异系数
人员因素	个体因素	性别	4.75	90%	0.069	4.90	90%	0.069
		年龄	4.30	75%	0.125	4.60	75%	0.169
		角色	4.65	70%	0.131	4.50	55%	0.136
		追随或领导性格	4.00	50%	0.290	4.20	50%	0.200
		对建筑熟悉程度	4.45	60%	0.170	3.60	30%	0.215
		抗压能力	4.10	50%	0.280	3.30	10%	0.206
		速度或行动能力	4.75	90%	0.204	4.50	75%	0.235
		身体健康状况	2.80	20%	0.304	3.25	10%	0.228
		体重指数	2.10	5%	0.204	3.50	40%	0.359
		方向感	3.65	20%	0.209	3.55	20%	0.246
		专业背景	3.70	25%	0.242	4.00	40%	0.229
		消防培训经历	4.10	55%	0.315	3.70	30%	0.203
		消防演习经历	3.80	30%	0.268	3.65	30%	0.244
		火灾经验	4.50	60%	0.154	3.50	20%	0.191
		种族	2.30	5%	0.242	4.00	50%	0.229
	社会因素	小群体	3.85	30%	0.221	3.50	20%	0.185
		领导者/羊群效应	3.50	20%	0.212	3.50	20%	0.185
		工作任务	2.50	10%	0.276	2.90	10%	0.240
	自组织现象	速度/密度/流量	4.15	40%	0.196	3.65	35%	0.202
		其他行人流自组织	4.25	50%	0.204	3.90	40%	0.230
建筑环境因素	建筑设计	建筑布局	4.90	90%	0.069	4.45	60%	0.170
		疏散路径	4.90	90%	0.125	4.55	70%	0.211
		安全出口	4.85	85%	0.082	4.35	50%	0.209
		疏散楼梯	4.90	90%	0.089	4.65	65%	0.109
		疏散标志	5.00	100%	<0.001	4.60	80%	0.222
		疏散地图	3.70	25%	0.231	2.45	10%	0.185
		疏散引导箱	2.30	10%	0.291	3.90	40%	0.250
	环境暗示线索	采光中庭	4.30	65%	0.282	3.80	50%	0.152
		采光天窗	4.30	55%	0.231	3.95	50%	0.203
		台阶	3.60	35%	0.255	4.30	50%	0.219
		柱网空间	3.55	25%	0.235	4.10	45%	0.240

因素类型		因素指标	重要性			量化研究可操作性		
			均数	满分比	变异系数	均数	满分比	变异系数
建筑环境因素	环境暗示线索	路径相对宽度	4.10	20%	0.124	3.90	40%	0.228
		色彩	3.50	20%	0.178	4.05	40%	0.235
		照明	3.50	20%	0.235	4.30	55%	0.206
		门	3.80	20%	0.186	3.55	25%	0.153
		自动扶梯	3.30	15%	0.231	3.10	15%	0.161
火灾因素		火灾可见性	3.65	35%	0.167	3.55	30%	0.242
		烟气	4.20	55%	0.247	3.00	10%	0.205

经过对各项指标的重要性和可操作性评价，最终从候选因子中选出 29 个影响因子进行更进一步研究。 对于其中一些因子不同专家还存在一定分歧，例如对烟气的研究，大部分专家认为其应是重要的影响因子，并且烟气在 HBIF 领域也是目前的研究重点之一。 但从工程设计角度而言，目前以时间为核心的疏散安全评价方法要求人员能够在火灾发生后的可用时间内撤离建筑，可用时间通常意味着在消防安全设备和建筑结构的保护下建筑室内暂时处于安全的时期内；通常是结合建筑本身的结构性、防火性与人员疏散一起考虑，比较可用时间和疏散时间。 除此之外，对该因素的研究还依赖专业的流体力学知识和可能高成本的实验设计。 因此，从本研究是以支持地下商业建筑设计中人员疏散运动影响评价与预测为目标出发，综合各专家意见，舍弃了一些候选因子（图 3.25），最终选

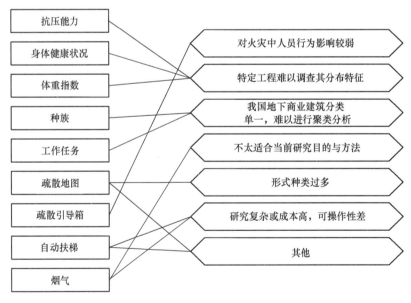

图 3.25　德尔菲法评价中淘汰因子的主要专家意见

择的研究因子见表 3.13。

基于德尔菲法选择的研究指标　　　　　　　　　　　　　表 3.13

因素类型		因素	因素类型		因素
人员因素	个体因素	性别	建筑环境因素	建筑设计	建筑布局
		年龄			疏散路径
		角色			安全出口
		学历			疏散楼梯
		对建筑熟悉程度			疏散标志
		速度或行动能力		环境暗示线索	采光中庭
		方向感			采光天窗
		专业背景			台阶
		消防培训经历			柱网空间
		消防演习经历			路径相对宽度
		火灾经验			色彩
	社会因素	小群体			照明
		领导者/羊群效应			门
	自组织现象	速度/密度/流量	火灾因素		火灾可见性
		其他行人流自组织			

Underground
Commercial
Buildings

地下商业建筑
人员消防疏散行为问卷调查

4

根据已有的室内疏散理论研究和实证性研究，初步分析这些因子对人员在火灾情况下疏散时面临的困难和可能的行为影响。 但为实现可计算模型尚需对地下商业建筑中人员在消防疏散中的行为与部分筛选影响因子关系进行量化研究，以获得可用数据，同时能够扩展地下空间环境这一领域的知识。 接下来通过实证对地下商业建筑中人员在消防疏散中的行为进行研究。 本书第 1 章中已经回顾并对比了该领域科学文献中的主要研究方法，HBIF 研究强调了以系统为导向以用户为中心的启发式研究方法。 基于现有的资源和研究基础考量，主要采用了假设研究和严肃游戏两种方法，本章采用基于调查问卷的假设研究方法对人员在地下商业建筑中的消防疏散行为与心理进行讨论，并分析人员自身个体特征与这些行为和心理的关系。

4.1 问题设置与统计方法

地下商业建筑人员消防疏散心理与行为的假设研究通过问卷调查进行。 采用的问卷数据来源于实地调查和网络调查获取的总共 376 份问卷，包含了人员个体特征和疏散心理与行为两个部分，分析过程主要以前者为自变量，后者为因变量。 疏散心理与行为部分通过假设的地下商业建筑火灾情景，设置了疏散火灾感知与报警反应、疏散过程中行为、心理特征和社会影响 4 类共 10 个问题。 基本信息与问题设置简化成变量后见表 4.1。

假设研究中的问卷内容构成

表 4.1

类型	问卷内容	类型	问卷内容
人员基本信息	性别	火灾感知与报警反应	听到火灾报警后的第一反应
	年龄		确认火灾发生后的第一反应
	角色	疏散过程中的行为	主要疏散策略选择
	学历		是否采取就地避难措施
	职业/专业背景		在人员拥堵处的行为
	消防安全培训	心理特征	遭遇火灾时的心理压力程度
	消防演习经历	社会影响	是否需要协助疏散
	火灾经验		协助他人疏散的可能性
	方向感		站出来指挥他人疏散

问题设置结合了语义差别量表和利克特量表两种形式，调查问卷数据主要利用 SPSS 和 Python 进行统计与分析。 根据问卷题目设置，变量分为定类和定量两种形式，通过频

率统计、柱状图、饼状图、交叉表等方式对各个题项及交叉题项关系进行描述统计。 分析人员个体特征与行为或心理的相关性时，根据变量特征，主要采用以下 3 种方法：

1. 皮尔逊卡方检验

该方法主要是针对因变量为多元分类变量的统计分析，用于检验两个变量是否独立的假设检验法[181]。 在这种方法中，提出一个原假设 H_0，即两个分类变量的分布是独立的，不存在相关性或相互影响，采用 P 值表示在原假设为真的前提下观察样本和更极端情况的概率。 根据 P 值和显著性水平的大小关系，做出是否拒绝原假设的结论。

2. Logistic 回归分析

针对因变量是二元类别，且自变量有多因素的情况，在卡方检验基础上再进行 Logistic 回归分析以消除可能的自变量之间存在的线性关系。 Logistic 回归侧重于分析二元因变量与多个自变量的影响关系，不同于卡方检验仅能检验单个自变量与因变量，能够消除自变量之间因存在共线性而存在的假关联性，但 Logistic 回归分析对多个分类的因变量的统计分析存在较大困难，需要对每个分类进行两两比较，因此一般对有大量样本的研究适用。 本研究中的部分问题有多个分类，部分问题适用二元分类，前者主要采用单因素分析（卡方检验）和描述统计为主，后者同时结合单因素分析、多因素分析（Logistic 回归）和描述统计。

3. 方差分析

方差分析近似于 t 样本检验，依靠 F 分布为概率分布的依据，利用平方和（Sum of square）与自由度（Degree of freedom）所计算的组间与组内均方（Mean of square）估计出 F 值，若有显著差异则考虑进行事后比较或称多重比较。 该方法在本研究中主要是用于检验因变量为连续变量并呈现类正态分布数据情况，检验各类别间的均数是否相等，即是否存在显著差异。

本研究中设定 0.05 的显著性水平，即当 P 值大于 0.05 时接受零假设，两个分类变量是独立的；如果 P 值小于 0.05，则拒绝零假设，即两个分类变量具有显著相关性。

4.2 人员基本信息

调查问卷中涉及人员基本信息的因子共 9 项，表 4.2 为这些基本信息的描述性统计。

在 367 名受访者中，男性与女性比例分别为 35.9% 和 61.1%；受访者年龄主要分布在青年类人群（18~40 岁），符合地下商业建筑的人员年龄结构分布，其中老年（≥60 岁）人员样本仅有 1 人，后面的年龄影响研究中不单独对此分类进行讨论；受访者中有 85 人为地下商业建筑从业人员；在学历构成上以初中、高中、大学本科/专科和硕士以上研究生为主，小学人员样本数较少，正态性检验表明受访者的学历构成不服从正态分布，在后续量化分析中视为多元自变量；人员职业/专业背景根据前述的相关理论分为建筑类和非建筑类两类，两者人员比例分别为 31.6% 和 68.4%；分别有 16% 和 52.9% 的人员经历过火灾或参加过消防疏散演习；消防安全培训经历分为无、一项、两项和多项四类，在量化分析中分别赋值 1~4 分，因调查中发现地下商业建筑人员大部分有消防培训经历，简单分为有和无两类造成后者样本数较少，正态性检验表明该项统计结果不服从正态分布；人员在地下商业建筑中的方向感自评在后续量化分析中从很弱到很强分别赋值 1~5 分，正态性检验表明该变量不服从正态分布。

人员基本信息描述统计　　　　　　　　　　　　　　　　　表 4.2

样本数	367					
性别	男性 135/35.9%		女性 241/61.1%			
年龄	儿童 20/5.3%	青年人 288/76.6%	中年人 67/17.8%	老年人 1/0.3%		
角色	商家 85/22.6%		顾客 291/77.4%			
学历	小学 9/2.4%	初中 46/12.2%	高中/中专 86/22.9%	本科/大专 127/33.8%	硕士及以上 98/26.1%	未作答 10/2.7%
职业/专业背景	建筑类 119/31.6%		非建筑类 257/68.4%			
消防安全 培训经历	无 33/8.8%	一项 193/51.3%	两项 84/22.3%	三项及以上 66/17.6%		
火灾经历	无 316/84.0%		有 60/16.0%			
消防疏散经验	无 177/47.1%		有 199/52.9%			
方向感自评	很弱 23/6.1%	较弱 99/26.3%	一般 176/46.8%	较强 57/15.2%	很强 21/5.6%	

　　将性别分别与年龄段、角色、学历和职业/专业背景进行描述性统计分析，得到变量关系图（图 4.1）。可以看出，不同性别人员在学历上的分布比较一致；从人员角色来看，

女性人员为商家的占比较大，男性商业人员占比相对较少，这一点符合地下商业建筑内的现状分布特征；在学历分布上女性较为均匀，男性主要是大学以上学历为主；专业/职业背景上，女性非建筑类占比较大，男性两者比例接近。

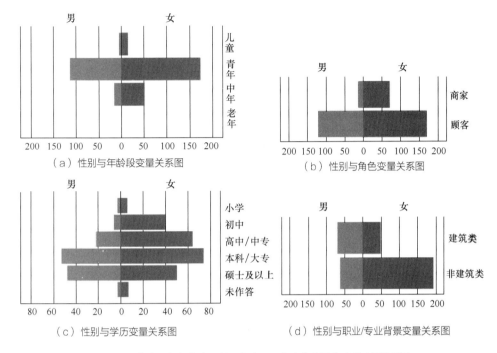

图 4.1 性别分别与年龄（a）、角色（b）、学历（c）和职业/专业背景（d）的变量关系图

将年龄与学历进行描述性统计分析得到变量关系图（图 4.2），可以看出学历较高人员集中在青年区域，其他年龄段人员以中等和较低学历居多。

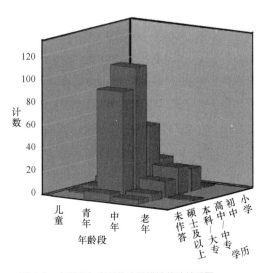

图 4.2 年龄段与学历的变量描述统计关系图

4.3 火灾感知与报警反应

人员在火灾发生初期的反应决定了消防疏散评估中人员的预动作时间,文献综述中已介绍了这一阶段对于消防安全的重要性。 缺乏相关知识人员自身很难评估其在面对火情发生时决定采取疏散措施的时间长度,当前调查问卷方法的研究通常从心理角度调查人员对于火灾发生和相关行为的倾向。 在该类别中问题设置参考了 Bryan[182]、Wood[183]火灾研究或报告中的相关题项。 设置了两个问题,人员在听到消防报警后的第一反应和确认火灾发生后的第一反应,考察人员对地下商业建筑火灾的主要确定过程和初期反应,并分析这些行为与个体要素的关系。

4.3.1 听到消防报警后的第一反应

1. 人员对消防报警的反应统计

假设研究中人员听到消防报警的第一反应如图 4.3 所示,其中 62.5% 的调查对象选择立即疏散,占比最多,其次有 14.4% 的人员会确认突发状况再行动。 由此可以看出,尽管多年的消防安全教育一直在强调"消防报警= 立即疏散",但仍有许多人在明确被告知发生消防事件的假设情形下不会选择这种措施。 在真实事件的报告中人员的预动作时间可能大于正式疏散时间,并且与人员伤亡存在紧密联系[184, 185]。

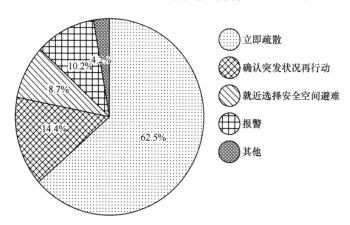

图 4.3　人员听到地下商业建筑消防报警后的第一反应

2. 个体特征的影响

通过皮尔逊卡方检验和交叉制表分析人员个体特征对消防报警反应的影响，结果见表 4.3。人员角色、学历、职业/专业背景和消防演习经历与其对消防报警的反应行为有显著相关性。

不同角色人员对消防报警声的第一反应的差异如图 4.4 所示。从中可以看出两者均选择立即疏散的频率最高，行人选择立即疏散的频率高于商家 16.4 个百分点，而商家选择确认突发状况和报警的频率高于行人。这表明了商家可能由于自身财产、责任等原因，在面临消防报警时比行人更有可能选择确认状况和报警行为。

不同个体特征与消防报警第一行为卡方检验结果　　　　　　　　　　　　　　　　表 4.3

变量	χ^2	P	变量	χ^2	P
性别	7.030	0.134	火灾经历	5.505	0.239
年龄	7.580	0.817	消防安全培训	14.285	0.577
角色	24.465	< 0.001	消防演习经历	10.024	0.041
学历	35.829	0.016	方向感	19.504	0.243
职业/专业背景	22.759	< 0.001			

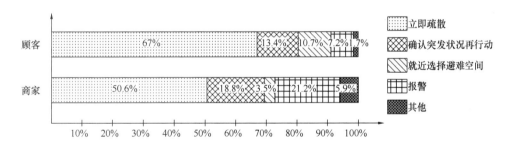

图 4.4　不同角色人员对消防报警的第一反应

不同学历人员对消防报警的第一反应差异如图 4.5 所示。由于小学学历人员的样本量（9 人）较少，排除该类别人群后，选择立即疏散频率最高的是硕士及以上学历人员，其次为本科/大专，再次为高中，初中学历频率最低，选择确认突发状况和报警的频率则恰好相反。由此可以认为，学历的高低对人员在消防报警时第一时间选择立即疏散的可能性影响呈现正相关，对人员在消防报警时第一时间选择先确认突发状况和报警的可能性影响呈现负相关。

不同职业/专业背景人员对消防报警的第一反应差异如图 4.6 所示，拥有建筑类背景人员选择立即疏散的频率高于非建筑类背景人员近 20 个百分点，选择先确认突发状况的

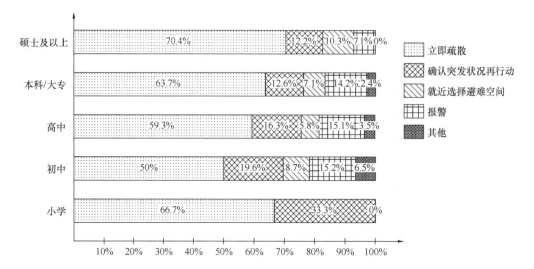

图 4.5　不同学历人员对消防报警的第一反应

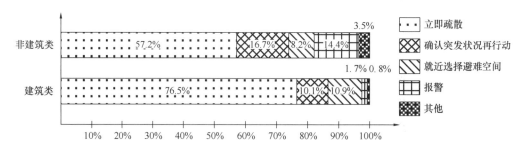

图 4.6　不同职业/专业背景人员对消防报警的第一反应

频率低于非建筑背景人员。表明有建筑相关专业背景的人员对消防报警有更高的敏感性。

　　不同消防疏散演习经历人员对消防报警的第一反应差异如图 4.7 所示。参加过疏散演习的人员选择立即疏散的频率高于未参加过疏散演习人员,表明疏散演习经历对人员面对消防报警时有积极影响。

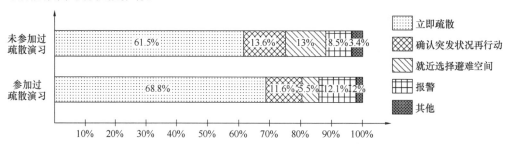

图 4.7　消防疏散演习经历对消防报警的第一反应

4.3.2 确认火灾发生后的主要反应

1. 人员确认火灾后的主要反应统计

此题项中受访者被要求选择在确认火灾发生后首先会采取的3种措施，表4.4为这些反应行为描述统计，图4.8为反应行为响应率排序。

人员确认火灾后的主要反应描述统计 表4.4

项目	响应		普及率
	频数	响应率	
通知他人	143	15.5%	38.0%
寻找火源	16	1.7%	4.3%
报警	169	18.3%	44.9%
马上逃离该建筑	190	20.6%	50.5%
帮助他人逃生	43	4.7%	11.4%
试图灭火	7	0.8%	1.9%
寻找灭火器	42	4.5%	11.2%
离开着火区域	104	11.3%	27.7%
无举动	2	0.2%	0.5%
让他人报警	5	0.5%	1.3%
整理贵重物品	7	0.8%	1.9%
去着火区域	1	0.1%	0.3%
移走可燃物品	5	0.5%	1.3%
试图寻找出口	90	9.7%	23.9%
查看火灾报警器	8	0.9%	2.1%
告知外界	26	2.8%	6.9%
拉动火灾报警器	52	5.6%	13.8%
等待消防员	4	0.4%	1.1%
关闭靠近发生火灾区域的门	10	1.1%	2.7%

拟合优度检验：$\chi^2 = 1370.970$，$P < 0.001$

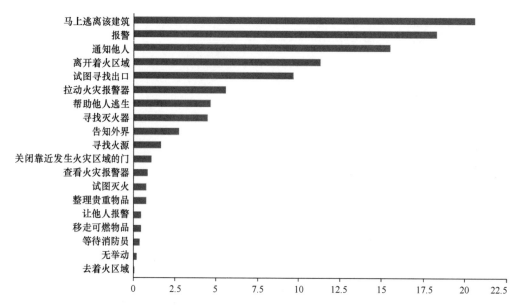

图 4.8　人员确认火灾后的主要反应响应率排序图

　　排在前五位的行为分别是马上撤离建筑、报警、通知他人、离开着火区域和试图寻找出口，前五位的响应率之和达 75.4%，其他 14 项的响应率之和仅为 24.6%。其中，排名前三的行为普及率均达到 30%以上，超过一半的人员选择了马上撤离建筑。当得知火灾信息时，立即进行疏散逃生或逃离危险区域并通知其他人是减少人员伤亡的最佳反应；立即报警对于抢救火灾建筑内人员生命、扑灭火灾具有重要意义。本次调查反映了大多数人对此认知的一致性。从统计结果中还可以发现，人员选择的行为多为自我保护措施，选择诸如尝试灭火、移动可燃物品、寻找灭火器等试图扑灭火灾的人员比例很少。

2. 个体特征的影响

　　重点对人员确认火灾后的反应前三项与个体特征的影响差异进行分析，卡方检验结果见表 4.5，Logistic 回归分析结果见表 4.6。可以看出，人员选择立即疏散撤离行为受人员的性别、角色、学历、职业/专业背景、火灾经历、消防安全培训经历和消防疏散经验影响显著，单因素分析和多因素分析结果一致，是否通知他人单因素分析中与人员的角色和学历显著相关，多因素分析中仅与人员的角色显著相关，这可能是因为研究中角色为商家的人员多为较低学历者，由于自变量存在共线性，学历可能影响不显著，对此需要更进一步的研究。人员是否选择报警与个体特征未发现显著相关影响。

人员个体特征与确认火灾后主要反应的卡方检验结果 表4.5

确认火灾后的行为	卡方检验的 P 值								
	性别	年龄	角色	学历	职业背景	火灾经历	消防安全培训	消防疏散经验	方向感
马上撤离建筑	0.006	0.080	< 0.001	< 0.001	< 0.001	< 0.001	0.004	0.007	0.101
通知他人	0.336	0.277	< 0.001	0.002	0.230	0.268	0.376	0.258	0.064
报警	0.883	0.265	0.884	0.643	0.434	0.770	0.174	0.596	0.782

人员个体特征与确认火灾后主要反应的 Logistic 回归分析结果 表4.6

确认火灾反应	性别		年龄		角色		学历		职业背景		火灾经历		消防安全培训		消防疏散经验		方向感	
	P	OR	P	OR	P	OR	P	OR	P	OR	P	OR	P	OR	P	OR	P	OR
马上撤离	0.963	—	0.584	—	0.000	3.710	0.010	1.26	< 0.001	0.294	0.018	0.432	0.013	1.472	0.021	0.698	0.206	—
通知他人	0.700	—	0.064	—	0.002	0.410	0.317	—	0.899	—	0.106	—	0.802	—	0.526	—	0.095	—
报警	0.627	—	0.441	—	0.700	—	0.612	—	0.235	—	0.837	—	0.060	—	0.682	—	0.355	—

不同类型个体特征人员对确认火灾后的主要反应频率描述统计见表 4.7。从描述统计结果具体来看,存在以下特点:

(1)性别上,男性与女性排名第一的反应均为马上撤离建筑,男性比女性选择的频率高 15 个百分点,性别在通知他人和报警的选择上虽然没有统计学上显著差异,但女性选择通知他人的频率比男性更高。

(2)人员角色上,商家排名第一的反应为通知他人,其次为报警、马上撤离建筑,与整体人员的选择有所差别。表明大部分商家在确认火灾后,撤离建筑并不是第一选择,而是会互相转告和报警,但选择主动进行灭火的频率较小。地下商业建筑中的商家从业者以个体户为主,这应该与其对自身财产的态度有关,在认为火势不可控时,他们才更可能选择进行疏散。

(3)学历上,除去小学学历人员因样本量较少(N= 9,小于 5 倍类别数)可能引起偏差较大之外,人员选择马上撤离建筑的频率与学历高低呈正相关,其中初中和高中/中专人员排名第一的反应均不为马上撤离,硕士及以上人员选择马上撤离的频率达到 85.7%。

（4）职业/专业背景上建筑类人员选择马上撤离的频率达到非建筑人员 2 倍以上，Logistic 回归中优势比（OR）也表明建筑类人员选择马上撤离的概率比非建筑类人员高 1 倍以上；非建筑类背景的人员排名第一的反应为报警，表明具有建筑相关知识和从业经验的人员更倾向于在火灾发生的第一时间采取疏散措施。

（5）没有火灾经历的人员排名第一的反应为马上撤离建筑，比经历过火灾的人员选择此项频率更高，经历过火灾的人员排名第一的反应为报警。优势比表明没有火灾经历的人员选择马上撤离建筑的概率比有火灾经历的人员高 43.2%。

（6）人员消防安全培训和消防疏散经验对确认火灾发生后选择马上撤离建筑的可能性均呈现正相关性，但在其他两个选项上的差异不明显。

不同类型个体特征人员确认火灾后的主要反应选择 　　　　表 4.7

个体特征		选择频率（%）		
		马上逃离该建筑	通知他人	报警
性别	男	60.0	34.8	44.4
	女	45.2	39.8	45.2
角色	商家	37.6	55.3	45.9
	行人	56.2	33.0	44.7
学历	小学	33.3	44.4	33.3
	初中	8.7	52.2	47.8
	高中/中专	32.6	44.2	45.3
	本科/大专	55.9	28.3	49.6
	硕士及以上	85.7	33.7	38.8
职业/专业背景	建筑类	78.2	33.6	47.9
	非建筑类	37.7	40.1	43.6
火灾经历	有	28.3	31.7	46.7
	无	54.7	39.2	44.6
消防安全培训经历	无	40.5	27.3	33.3
	一项	42.5	42.0	42.0
	两项	53.6	32.1	54.8
	三项及以上	69.8	39.7	46.0
消防疏散经验	有	56.2	40.7	46.2
	无	43.2	35.0	43.5

4.4 疏散过程中的行为

4.4.1 疏散寻路策略

1. 受访者疏散寻路策略选择统计

疏散寻路过程是 HBIF 研究中的重点领域，该过程是决定建筑内火灾消防疏散时间和整体效率的关键因素。当前的消防安全政策中往往假设人员会按照疏散标志指示的方向进行疏散，建筑设计的部分依据（如走道长度、出口位置）以此为前提。然而在许多火灾事件报告和实证研究中，人员并未按照疏散标志选择最近的出口。相关研究已有一些结论，疏散寻路过程既不遵循现有消防政策的假设（按疏散标志方向）也不是一个随机的过程[186]，而是遵循基于线索感知的特定心理认知模式。人员疏散寻路行为受自身心理层面的影响，也受到外部环境的影响[155, 187]。基于调查问卷的寻路行为研究中需考虑多种偏差，用于对人员在疏散寻路中的偏好进行定性分析。问卷第三题为一道多项选择题，让受访者评估其在地下商业建筑火灾情况下可能采取的寻路策略，统计结果见表 4.8，响应率如图 4.9 所示。

调查对象疏散策略选择　　　　　　　　　　　　　　　　　　　　表 4.8

项目	响应		普及率
	频数	响应率	
寻找熟悉出口	167	22.2%	44.4%
寻找最近出口	167	22.2%	44.4%
寻找工作人员指引	187	24.9%	49.7%
跟随大多数人	25	3.3%	6.6%
跟随疏散标志	187	24.9%	49.7%
其他	19	2.5%	5.1%

拟合优度检验：$\chi^2 = 258.920$，$P < 0.001$

人员在疏散过程中，选择跟随疏散标志和跟随工作人员引导的频率最高，选择普及率均达到一半左右，可见在地下商业建筑中，大部分人员愿意按照指示进行疏散；寻找熟悉

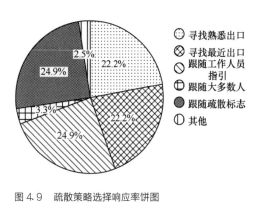

图4.9 疏散策略选择响应率饼图

图例:
- ⊙ 寻找熟悉出口
- ⊗ 寻找最近出口
- ◇ 跟随工作人员指引
- ⊞ 跟随大多数人
- ● 跟随疏散标志
- ⊘ 其他

出口和寻找最近出口的选择频率也较高，达到44.4%。相关报告和研究已证实，选择熟悉出口是建筑火灾中人员寻路的一个重要策略，相当多的人会首先尝试返回自己比较熟悉的出口，若是第一次来该建筑内，通常会尝试返回进入建筑时的出口，寻找最近出口暗示了人员根据当前的建筑环境信息判断可能的出口位置。这两类人员通常会忽略疏散标志的指示方向。选择跟随大多数人和其他策略的人员较少，但羊群效应在紧急疏散事故中多次被报道，调查问卷在火灾行为研究中存在无法避免的认知偏差。

2. 个体特征的影响

在该问题的统计中，单因素分析与多因素分析呈现一定差异，统计结果表4.9表明，人员是否选择寻找熟悉出口在卡方检验中受到人员性别、年龄、学历的显著影响，在Logistic回归分析中只受到人员角色的显著影响；是否选择寻找最近出口受到人员角色显著影响，单因素与多因素结果一致；是否选择跟随工作人员指引在卡方检验中受到人员性别、角色、学历、职业背景、火灾经历和消防疏散经验的显著影响，在Logistic回归分析中受到人员角色、消防安全培训经历和消防疏散经验的显著影响；是否选择跟随疏散标志在卡方检验中受到人员性别、年龄、角色、学历、职业背景、火灾经历和消防疏散经验的显著影响，在Logistic回归分析中受到人员角色、职业背景、火灾经历和消防安全培训经历的显著影响。

人员个体特征对疏散寻路策略影响卡方检验结果　　　　　　　　　　表4.9

确认火灾后的行为	卡方检验的 P 值								
	性别	年龄	角色	学历	职业背景	火灾经历	消防安全培训	消防疏散经验	方向感
寻找熟悉出口	0.050	0.043	0.153	0.036	0.069	0.702	0.783	0.184	0.538
寻找最近出口	0.382	0.539	0.042	0.845	0.974	0.453	0.058	0.113	0.944
跟随工作人员指引	0.020	0.143	<0.001	<0.001	0.002	0.013	0.071	0.039	0.078
跟随疏散标志	0.035	0.021	<0.001	0.041	0.035	0.031	0.048	0.100	0.009

如表 4.10，从统计结果看，自变量存在一定共线性影响。从两种统计中影响最显著的人员角色来看（表 4.11），不同角色人员在疏散策略的选择上差异明显，商家的总体普及率为 119.9%，行人为 181.4%，表明绝大部分商家仅选择了一个选项，在火灾疏散时有比较明确的疏散策略，而行人绝大部分选择了多个选项，没有明确的疏散策略。商家一半以上选择通过最近出口进行疏散，其次为熟悉出口，选择跟随疏散标志的比例仅为 5.9%，行人主要策略为跟随疏散标志和跟随工作人员指引。从认知地图角度，地下商业建筑中的商家十分熟悉建筑内的空间布局，因而在疏散中能够准确找到最近的出入口和希望到达的出口，不易受到环境因素的影响。而行人对地下商业建筑空间布局较为陌生，在疏散状况下存在一个通过环境和社会因素寻路的过程。地下商业建筑特别是地下商业街中商家占比比一般公共建筑更大，与行人比例可达到 1∶3，这种差异具有地下商业建筑的独特性。

人员个体特征对疏散寻路策略影响 Logistic 回归分析结果　　　　　表 4.10

确认火灾反应	性别		年龄		角色		学历		职业背景		火灾经历		消防安全培训经历		消防疏散经验		方向感	
	P	OR	P	OR	P	OR	P	OR	P	OR	P	OR	P	OR	P	OR	P	OR
熟悉出口	0.139	—	0.046	0.829	0.675	—	0.766	—	0.281	—	0.540	—	0.275	—	0.205	—	0.413	—
最近出口	0.140	—	0.328	—	0.039	—	0.336	—	0.706	—	0.245	—	0.169	—	0.422	—	0.266	—
工作人员	0.308	—	0.817	—	<0.001	5.424	0.269	—	0.736	—	0.132	—	0.007	0.487	0.023	0.543	0.329	—
疏散标志	0.734	—	0.131	—	<0.001	13.486	0.612	—	0.005	0.18	0.003	0.310	0.013	0.540	0.170	—	0.566	—

不同角色人员疏散策略选择　　　　　表 4.11

项目	普及率（百分比）	
	商家（N= 85）	行人（N= 291）
寻找熟悉出口	37.6	46.4
寻找最近出口	52.9	41.9
跟随工作人员指引	17.6	59.1
跟随大多数人	0.0	8.6
跟随疏散标志	5.9	62.5
其他	5.9	4.8
汇总	119.9	181.4

基于上述分析，由于商家在调查中以女性、初中/高中学历和青年人为主，而商家与行人在疏散策略的选择上差异非常明显，因此单因素分析中相关自变量可能受到共线性影响。其他人员个体特征影响的描述统计分析以多因素分析结果的显著性自变量为主。从描述统计结果（表4.12）来看，存在以下特点：

人员不同类型个体特征与疏散策略选择描述统计 表4.12

个体特征		选择频率（%）			
		寻找熟悉出口	寻找最近出口	跟随工作人员指引	跟随疏散标志
职业/专业背景	建筑类	51.3	44.5	61.3	85.7
	非建筑类	41.2	44.4	44.4	33.1
火灾经历	有	46.7	40.0	35.0	23.3
	无	44.0	45.3	52.5	54.7
消防安全培训经历	无	45.5	33.3	51.5	39.4
	一项	44.0	45.1	44.0	45.1
	两项	40.5	38.1	52.4	52.4
	三项及以上	50.8	54.0	60.3	65.1
消防疏散经验	有	48.0	40.1	55.4	54.2
	无	41.2	48.2	44.7	45.7

（1）人员的职业/专业背景对其是否选择跟随疏散标志进行疏散影响显著，建筑类背景相关人员选择跟随疏散标志的频率达到85.7%，而非建筑类人员仅为33.1%。

（2）人员的火灾经历对其是否选择跟随疏散标志进行疏散影响显著，无火灾经历人员选择跟随疏散标志疏散的频率是有火灾经历人员的2倍以上，Logistic回归分析中优势比表明，无火灾经历人员选择疏散标志的概率比有火灾经历人员高31%。

（3）消防安全培训经历越丰富的人员选择跟随疏散标志和跟随工作人员指引的频率越高，其中有三项及以上消防培训经历的人员选择跟随疏散标志的频率达到65.1%，而没有消防培训经历的人员选择概率仅为39.4%，表明消防培训对人在火灾紧急情况下的行为具有积极影响。

（4）具有消防疏散演习经历的人员比没有消防疏散演习经历的人员选择跟随工作人员指引和跟随疏散标志的频率均高10个百分点左右。Logistic回归分析中优势比表明有消防疏散经验的人员选择跟随工作人员指引比没有消防疏散经验的人员的频率高54.3%，但对跟随疏散标志选择的影响在统计学上差异不显著。

4.4.2　是否选择就地避难

1. 受访者是否选择就地避难统计

在某些紧急情况下，就地避难（Shelter in place）可能比离开建筑物更安全，这种情况包括有烟雾和火灾阻塞出口。对就地避灾的不正确认识造成了许多火场中的悲剧事件，一般来说在地上建筑难以疏散时，可选择楼梯间、主要走道、大厅等位置以便被救援者搜寻，在住宅建筑中，也可选择阳台等对外通风较好位置。在地下建筑中，目前尚缺乏相关研究，一般认为因地下空间排烟的困难性和火势蔓延速度快，不应采取任何就地避难措施，而是努力寻找可能的疏散出口。尽管有媒体宣传在火场中可进入卫生间进行避难，通过卫生间的水进行降温和控制火势，但许多事件证明卫生间并不安全①。在我国的公共建筑中，很少有针对火灾就地避难的备灾计划，在地下商业建筑调研中并未发现有为就地避难而专门准备的设备、物品和建筑材料等。另外，在火灾事件中也发现部分人员有归巢行为，即在紧急情况下躲避到封闭空间[188]。

受访者对地下商业建筑中在疏散遇到困难时是否选择某个位置进行就地避难的选择见表4.13，排序如图4.10所示。其中51.1%的人员选择不会就地避难，继续寻找出口；在选择可能就地避难的人员中，选择卫生间的最多，频率达到33%，其次为墙角和大空间，频率分别为12.2%和11.7%。可见在地下商业建筑火灾事故中，人员在难以找到出口时可能选择就地避难措施，其中卫生间是选择概率最高的位置。对此还需继续研究。上述数据揭示消防安全政策中应当对就地避难提供支持，备灾计划中不仅仅考虑火灾疏散问题，也应当考虑就地避难的相关计划，在消防安全设计中应考虑这些位置的防火设计和设备、物品支持。

调查对象是否选择就地避难描述统计　　　　　　　　　　表4.13

项目	响应		普及率
	频数	响应率	
卫生间/厕所	124	28.0%	33.0%
店铺内	16	3.6%	4.3%
过道	21	4.7%	5.6%
墙角	46	10.4%	12.2%
大空间	44	9.9%	11.7%
不会就地避灾	192	43.3%	51.1%
拟合优度检验：$\chi^2 = 328.860$ $P < 0.001$			

① 火场逃生时千万别这样做［OL/EB］. 搜狐新闻，http://police.news.sohu.com/20190105/n560205695.shtml.

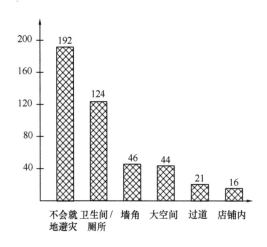

图 4.10　选择是否就选择地避难频率排序图

2. 个体特征的影响

人员个体特征对其是否选择就地避难措施的影响分析结果见表 4.14（卡方检验）和表 4.15（Logistic 回归分析）。 单因素分析表明人员年龄、学历和专业/职业背景与之显著相关，多因素分析中学历影响不显著。 因人员较高学历集中分布在受访者的青年人中，两者可能形成共线关系，导致分析结果其中之一影响不显著。

人员个体特征对是否选择就地避难卡方检验结果　　表 4.14

确认火灾反应	卡方检验的 P 值								
	性别	年龄	角色	学历	职业背景	火灾经历	消防安全培训	消防疏散经验	方向感
是否采取就地避难措施	0.657	0.032	0.120	0.001	0.003	0.919	0.330	0.171	0.060

人员个体特征对是否选择就地避难 Logistic 回归分析结果　　表 4.15

确认火灾反应	性别		年龄		角色		学历		职业背景		火灾经历		消防安全培训		消防疏散经验		方向感	
	P	OR	P	OR	P	OR	P	OR	P	OR	P	OR	P	OR	P	OR	P	OR
是否采取就地避难措施	0.198	—	0.005	1.317	0.115	—	0.594	—	0.012	0.511	0.171	—	0.786	—	0.287	—	0.133	—

　　　　　　　　　　　　　　　　　　　　　地下商业建筑人员消防疏散行为与建模

由图 4.11 可以看出，青年比儿童和中年人选择不会就地避难的频率更高，表明青年比其他年龄段人员在火灾中逃离建筑而不是就地等待救援的欲求更强烈；人员的学历越高，其选择不会就地避难的比例也越高，建筑类人员比非建筑类人员选择不会就地疏散的比例更高，可能是对地下商业建筑的相关知识了解促使其认为在地下商业建筑火灾事故中就地避难等待救援并非好的选择。

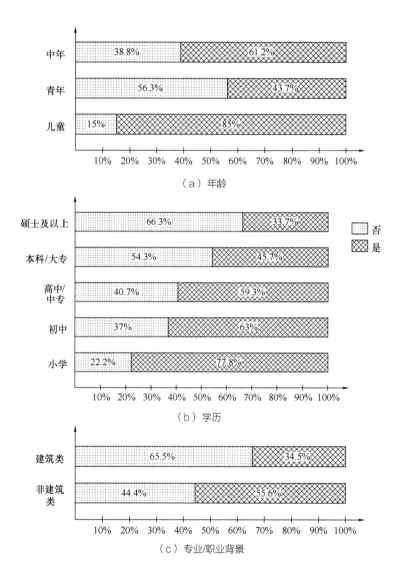

（a）年龄

（b）学历

（c）专业/职业背景

图 4.11　不同个体特征人员是否选择就地避难频率

4.4.3 在人群拥堵处的行为反应

1. 受访者在人群拥堵处的行为选择统计

如图 4.12，在疏散过程中遇到人群拥堵处时，有 61.5% 的人员选择"改寻其他出口"，13.9% 的人员选择"排队等待"，8.6% 的人员选择"在人群中努力向前"。在大规模疏散事故中的伤亡通常与人员拥堵相关[189]。在人群中往前拥挤的行为是造成行人流动力学中"快即是慢"现象的主要原因，会导致疏散效率比排队更低，这部分人员的行为在疏散模型中通常被描述为竞争性行为。此外，本项中有 16% 的人员选择"其他"，但没有受访者留下更多描述，可能这部分人员认为在这种情况下自身有责任对人群进行指挥或疏导。

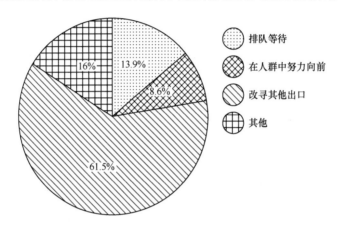

图 4.12 拥堵处的人员行为反应饼状图

2. 个体特征的影响

卡方检验结果（表 4.16）表明人员的专业/职业背景对拥堵处的行为反应影响显著。建筑类人员在疏散拥堵时选择"改寻其他出口"的频率比非建筑类人员更低，选择"排队等待"和"在人群中努力向前"的频率略高于非建筑类人员（图 4.13）。

人员个体特征对拥堵处行为卡方检验结果

表 4.16

变量	χ^2	P	变量	χ^2	P
性别	2.250	0.522	火灾经历	6.261	0.100
年龄	6.628	0.676	消防安全培训经历	5.409	0.943
角色	3.455	0.327	消防演习经历	4.974	0.174
学历	15.195	0.437	方向感	10.220	0.597
职业/专业背景	7.896	0.048			

　　　　　　　　　　　　　　　　　　　　　　　　　　地下商业建筑人员消防疏散行为与建模

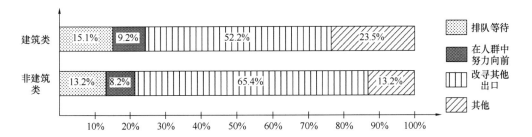

图 4.13　不同专业/职业背景人员在拥堵处的反应频率

4.5　疏散中的心理压力

1. 受访者在消防报警时心理压力统计

人员在面临紧急情况下的心理压力可能导致一系列非常态下的行为，通常被媒体描述为恐慌行为，目前的研究已经否定了火灾疏散事件中会出现普遍性的恐慌。心理压力增大后人员可能会速度增大，表现出更多的竞争性行为，从宏观上会导致人流聚集堵塞，造成"快即是慢"等现象，影响疏散效率[189]。

心理压力频率结果如图 4.14（a）所示。用 1~5 分度量 5 个选项，结果如图 4.14（b）所示。人员心理压力统计学分析见表 4.17。可以看出，大多数人在疏散事件初期的心理压力为"比较冷静"和"一般"，但心理压力是会随着时间变化的，特别是在长时间未能成功疏散、看到火灾和受他人情绪影响等情况时。

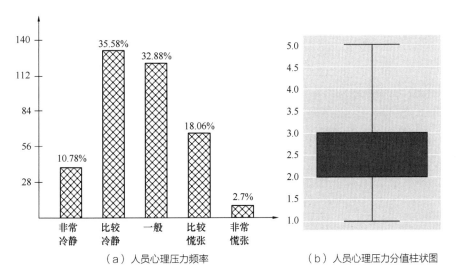

（a）人员心理压力频率　　　　（b）人员心理压力分值柱状图

图 4.14　心理压力描述统计

均值	方差	标准差	25分位数	中位数	75分位数	峰度	偏度	变异系数 CV
2.663	0.965	0.982	2.000	3.000	3.000	-0.529	0.201	36.879%

2. 个体特征的影响

单因素方差分析（ANOVA，表4.18）表明，人员的性别和火灾经历与心理压力程度显著相关。男性的心理压力均值比女性低10%，表明男性在地下商业建筑火灾紧急情况比女性心理承受能力更高；经历过火灾的人员心理压力均值比未经历过的人员低11.4%，表明经历过火灾的人员能够更沉着应对可能的突发疏散事件（图4.15）。

人员心理压力与个体特征方差分析　　　　表4.18

变量	F	η^2	P
性别	6.274	0.017	0.013
年龄	1.563	0.013	0.198
角色	2.190	0.006	0.140
学历	0.504	0.007	0.773
职业/专业背景	2.143	0.006	0.144
火灾经历	5.119	0.014	0.024
消防安全培训	0.171	0.002	0.953
消防演习经历	2.521	0.007	0.113
方向感	2.501	0.007	0.115

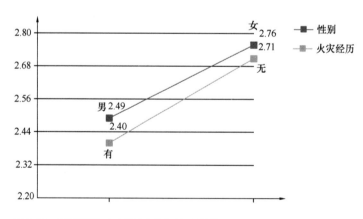

图4.15　不同性别与火灾经历人员心理压力均值

4.6 疏散中的社会行为

针对疏散过程中的社会行为该项目中设置了 3 个题目：①是否需要他人协助疏散；②是否愿意协助他人疏散；③是否愿意站出来指挥疏散。结果如图 4.16 所示。73.5%的人员认为在地下商业建筑疏散时不需要他人协助，较少人员选择"是"或"不确定"；85.8%的人员愿意在疏散时协助他人，仅 8.4%和 5.8%的人员选择"不愿意"或者"不确定"；74.2%的人员表示愿意在需要时站出来指挥人群疏散，少数人选择"不愿意"或"不确定"。少数项样本较少，该问题不支持个体相关性分析。

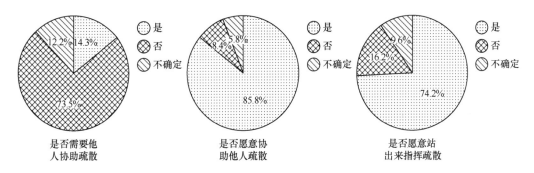

图 4.16　受访者社会行为选择频率

利他性行为在火灾事件中经常被报道。通过对真实火灾事件的回顾，在面临自身极端情况即生命遭受威胁时，表现出理性、利他主义的可能性更高[190]。这与普遍认为的人员的心理压力状况与其面临的威胁危险程度成正比的认知并不相符，但对此尚需更多研究。

Underground
Commercial
Buildings

5

地下商业建筑环境对
人员消防疏散行为影响的实验研究

前面已探讨了作为消防安全研究中使用的新方法，严肃游戏研究与其他传统方法相比的优势和特性，并且回顾了相关研究和技术发展。 严肃游戏是 HBIF 研究领域具有潜力的新方法，在地下商业建筑人员消防疏散研究中具有较好可行性。 本章将介绍采用严肃游戏方法对地下商业建筑火灾各个阶段中空间环境特征对人员疏散行为的影响以及人员个体特征的差异。 严肃游戏方法需要采用计算机技术实现人和环境的交互式模拟，研究设计并构建了一套低成本高沉浸的 VR 实验平台以实现较为真实的地下商业建筑火灾虚拟环境。

5.1 实验方法概述

5.1.1 VR 实验平台

VR 实验研究系统的主要软硬件设备及价格见表 5.1，整个系统构建在考虑产品运费和各种配件后花费 4 万～5 万元。 我国高校和科研机构的 VR 实验室建设通常耗费数十万元至上千万元不等，多以 3D 投影或 CAVE 系统为主，其中 CAVE 系统通常耗资百万元以上。 本研究的 VR 系统方案可以让研究者以较低廉的成本，在不大的空间场地，如办公室，即可开展火灾 VR 行为研究。

VR 系统部件组成型号与参数 表 5.1

	类型	产品及型号	主要参数	价格
硬件	显示设备	Htc Vive	1200×1080 分辨率，刷新率 90FPS，视场角 100°-H / 110°-V，立体音频耳机	5488 元
	输入设备	Virtuix Omni（标准配套加多双不同型号鞋）	实时双脚运动捕捉，支持 360°转向	18000～20000 元
	计算设备	高性能计算机	Intel I7 7800k CPU, Nvidia 1080ti 双显卡, 32G 内存	17000 元
软件	VR 引擎	Unreal Engine4	—	免费

由于软硬件之间具有良好的使用接口，研究人员在使用该系统时仅需一个线性的流程就可以完成虚拟环境（VE）场景的建立，采用现成驱动直接与硬件连接，整个严肃游戏场景开发到实验的架构框架如图 5.1 所示。

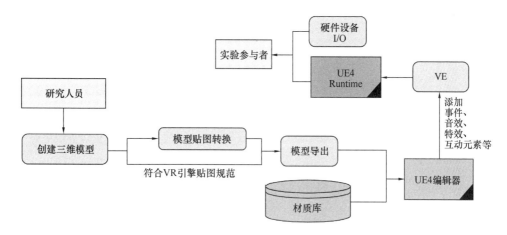

图5.1 严肃游戏实验平台架构

5.1.2 实验场景设置

本研究根据筛选出的一系列研究指标，采用上述研究平台，设计了一系列地下商业建筑消防疏散情形不同环境特征下人员在疏散过程中行为的相关实验，以探讨这些潜在的环境因子和人员个体因子对疏散行为的影响。主要的研究因子见表5.2。

严肃游戏实验中主要涉及的相关因子 表5.2

影响因素类型	具体因子
人员个体因素	基本信息（性别、年龄、职业/专业背景、教育程度、火灾疏散经验、火灾经历、VR使用经验） 心理因素（方向感、熟悉出口、趋光心理）
环境因素	明示信息（疏散标志、疏散报警系统、火灾可见性） 暗示信息（采光中庭、采光天窗、台阶、照明、色彩、柱网空间、路径相对宽度、门）

根据对地下商业建筑空间环境特征的调研，总共制作了3个基础场景，其中有2个场景是根据调研中实际地下商业建筑布局和内部环境特征修改得到，另一个场景是由地下商业建筑中典型布局和各种T形和F形路口组合建立。3个基础场景的描述和平面及内部特征描述如下：

（1）基础场景一：基于重庆市三峡广场地下商业街的实际布局修改建立，如图5.2所示。在原三峡广场地下商业街布局的基础上，选取了右侧路径特征较为复杂的一部分

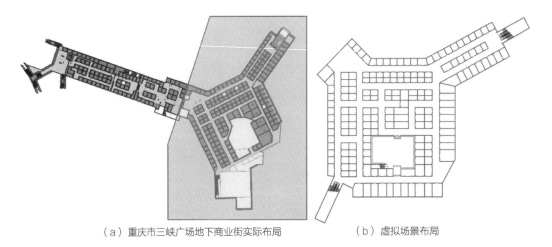

（a）重庆市三峡广场地下商业街实际布局　　　　　（b）虚拟场景布局

（c）地下商业街室内现状照片　　　　　　　　（d）虚拟场景截图

图 5.2　基础场景一的平面和内部状况

建立虚拟场景，虚拟场景的内部环境特征基本还原了地下商业街的现状特征。

（2）基础场景二：基于重庆市江北金源不夜城建立，如图 5.3 所示，但在此基础上简化了路径特征，缩小了原面积（原路径较长，内部面积较大）。虚拟场景内部参考了建筑中色彩丰富的商业渲染环境。

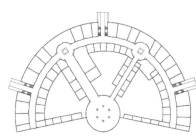

（a）基于金源不夜城的虚拟场景布局　　　（b）金源不夜城的内部现状　　　（c）虚拟场景截图

图 5.3　基础场景二的平面和内部状况

（3）基础场景三：用 F 形和 T 形路径组合而成的地下商业建筑环境，如图 5.4 所示。为还原火灾发生后的疏散环境，整个场景较暗，主要研究路口的不同的环境因子特征对寻路行为的影响。

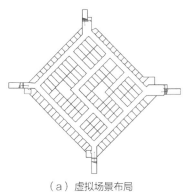 

（a）虚拟场景布局　　　　　　　　　　（b）虚拟场景截图

图 5.4　基础场景三的平面布局和内部状况

本研究总共进行了 4 项相关实验，各实验的目的、使用场景和包含的环境因素见表 5.3。

各实验目的、场景与研究因素设置 表 5.3

实验	研究目的	基础场景	包含环境因素
实验一： 预动作时间与疏散策略选择	1. 人员对地下商业建筑消防报警的疏散延迟及环境影响； 2. 人员在疏散过程中是否会遵循不同的疏散策略以及不同疏散策略对疏散效率的影响	场景一	自然采光、火灾可见性、消防报警
实验二： 疏散标志位置与颜色对疏散寻路的影响	1. 疏散标志位于不同位置时对疏散效率的影响研究； 2. 疏散标志采用不同颜色时对疏散效率的影响研究	场景一	疏散标志分别位于顶部和墙角； 疏散标志分别采用绿色、蓝色和红色
实验三： 疏散路径的视觉特征对疏散寻路的影响	1. 路径相对宽度对疏散寻路的影响研究； 2. 路径的照明特征对疏散寻路的影响研究； 3. 路径的色彩特征对疏散寻路的影响研究	场景二	通道的路径相对宽度、通道照明（明暗）、通道的色彩（冷色与暖色）
实验四： 建筑要素对疏散寻路的影响	1. 疏散路口天窗对疏散寻路的影响； 2. 疏散路口柱子对疏散寻路的影响； 3. 疏散路口台阶对疏散寻路的影响； 4. 门和楼梯对出口选择的影响	场景三	通道宽窄与冷暖； 通道宽窄与明暗； 无（对照组）

实验志愿者通过张贴海报和社交网络招募，一共招募了 413 名被试志愿者，男性 210 人，女性 203 人，年龄在 10~60 岁之间。 整个实验在 2017 年 9 月~2018 年 2 月完成，参与者按一定比例随机分配到不同的实验及子场景中，每人完成 2 个实验中的子场景，但避免了同一参与者进行相同基础场景的实验。 所有参与者在进行实验前和实验后分别填写了问卷，用于采集基本信息、确认场景中的选择以及对 VR 实验系统的评价等。 在完成实验后，每位参与者获得 20 元人民币的酬劳。

在 4 项实验中，实验一的参与者未被告知这是一项与消防疏散相关的实验，其余 3 个实验在实验前问卷中均被告知了实验内容与消防疏散相关。 实验室布局如图 5.5（a）所示。 主要实验流程如下：

（1）填写一份实验前问卷，主要包括参与者的基本信息；

（2）在正式测试场景前，参与者首先进行一个迷宫场景的探索，如图 5.5（b）所示，旨在让参与者熟悉 VR 系统的操作，能够适应虚拟环境和互动行走方式。 迷宫场景的普遍完成时间为 0.5~2min；

（3）正式场景中，每位被试者随机参与一个实验场景，如图 5.5（c）所示。 在每个正式场景中均设置 10min 的限时，参与者在实验过程中有不适也可提前终止实验。 若参与者在规定时间内未到达出口，视为疏散失败，但其数据是否采用根据场景设置而定，如研究特定路口环境因素对寻路行为影响的场景中，若疏散失败的样本在寻路中相应路口做出有效选择，该样本仍计入结果中进行分析；

（4）正式实验后进行一项问卷调查，然后领取酬劳。

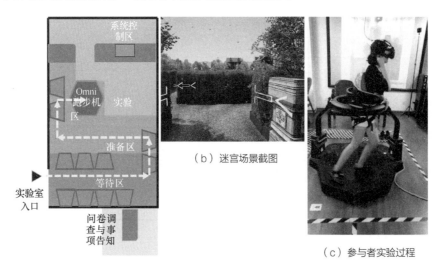

（a）实验场地分区和流线示意图

（b）迷宫场景截图

（c）参与者实验过程

图 5.5　实验设置

实验数据的搜集：实验前和实验后问卷由被试自行录入，正式场景数据由 UE4 引擎的脚本自动记录被试在虚拟场景中的实时坐标（每 0.5s 记录一次），每个样本数据单独保存，并通过 Python 脚本生成路径图像，自动计算被试者疏散路径与时间等信息。实验数据均通过统计学分析探讨结果，采用 Excel、SPSS、Python 进行数据统计分析或图表绘制，主要采用卡方检验、Logistic 回归和方差分析的假设检验方法讨论变量在统计学意义上的相关性，假设第一类错误的概率（α）为 0.05，对于部分重要因子，也会进行具体的描述统计分析变量之间的关系。

5.2 实验一：预动作时间与疏散策略研究

5.2.1 实验设置

火灾疏散中人员对消防报警响应的预动作时间和正式疏散时间是人员消防疏散评估中的核心。对这两个阶段时间评估的准确性直接关系到建筑火灾发生后的安全性问题。

该实验的主要目的是，探索地下商业建筑中人员在疏散事件中对消防报警的响应及其影响因素和疏散过程中的寻路策略。在预动作阶段，通过文献与实地调研发现，我国商场建筑的火灾报警语音系统缺乏统一规范，既缺乏火灾报警信号音的规范也缺乏火灾报警的语音内容标准，现实中商场管理者更倾向于采用预录语音方式，但语音广播内容各异。因我国公共场所通常配备消防引导员，在应急疏散语音广播中"请遵从工作人员指挥"及类似内容极为常见，消防报警语音系统对人员的预动作时间可能会造成影响。在疏散阶段，地下空间建筑中有两个因素被认为可能影响人员在疏散过程中的寻路策略，第一个因素是熟悉出口对疏散出口选择的影响，第二个因素是自然采光的影响。在地下环境中，自然采光被认为是出口方向的关键暗示线索之一[173]。

基于上述分析，实验针对疏散预动作阶段消防报警语音差异和火灾可见性差异的双因素双水平变量设置了 4 个场景，在场景中的某个疏散决策位置，根据人员的疏散寻路策略，在虚拟场景中设置了 3 条疏散路径。消防报警语音差异的双水平变量为：①"T-3"信号音（图 5.6a）（约 4.5s）加广播内容"请注意，该区域发生紧急情况，请遵从工作人员的指挥，疏散到安全区域"（约 10s）循环播放（简记为"常规广播音"）；②"T-3"信号音（约 4.5s）加广播内容"请注意，该区域发生紧急情况，请立即疏散到安全区域"（约 9s）循环播放（简记为"指示立即疏散音"）。火灾可见性的双水平变量为参与者可

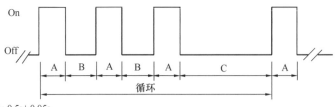

A: 0.5s± 0.05s
B: 0.5s± 0.05s
C: 1.5s± 0.05s

（a）Temporal three火灾报警信号声模型

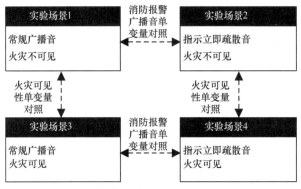

（b）实验场景分组设置

图 5.6　火灾信号与实验场景分组设置

见和不可见火灾。 4 个实验场景分组如图 5.6（b）所示。

　　虚拟场景中为 3 种疏散寻路因素分别设置了具有独立流线和唯一出口的区域，如图 5.7 中的疏散标志区域、自然采光区域和熟悉出口区域。 场景中仅在疏散标志区域中设置了墙角式的疏散标志，人员可根据其引导到达右上角的安全出口。 场景的中间是一个采光中庭，并带有一个独立入口，即自然采光区域。 熟悉出口是参与者开始疏散前进入场景的出口位置和游览的区域，选择熟悉出口的人员通过该区域的路径进行撤离。 参与者在场景中的流程（图 5.7）：参与者在虚拟场景中出现在出口 A 处（如图 5.8a），沿一个提示的路径 B 引导进行一项购物任务，到达 C 商店（如图 5.8b）后，提示购买商品并结算（商店内没有其他虚拟人物），取得商品后在隔壁商店 D 处发生火灾（图 5.8c），场景 1 和场景 3 中没有火灾呈现，场景 2 和场景 4 中有明火呈现，同时场景照明变暗，消防报警响起，营造火灾疏散环境。 参与者从商店 C 撤离到达 E 点，E 点为其疏散选择的决策点，参与者面临上述的 3 个影响因子选择，并最终到达某出口。 3 种疏散撤离在决策点 E 的视觉特征与最终出口见表 5.4。 当然，疏散者做出的选择可能不是基于这 3 个因子，而是随机或根据其他某种因素决定的，最终通过其在虚拟场景中的选择和事后的调查

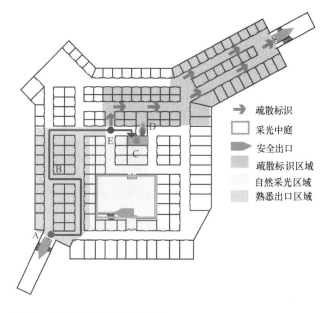

图 5.7　虚拟场景平面图与相关设置

（a）人员进入虚拟场景　　（b）人员到达虚拟商店　　（c）人员所在处附近发生火灾

图 5.8　在虚拟场景中的事件截图

问卷共同确定参与者选择的疏散寻路策略。

3 种疏散策略在决策点的视觉特征与最终出口　　　　　表 5.4

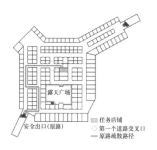		
预设原路疏散路径	第一个交叉口直行场景图	安全出口场景图

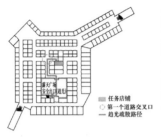

预设趋光疏散路径

第一个交叉口左转场景图

安全出口场景图

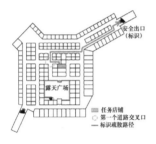

预设标志疏散路径

第一个交叉口右转场景图

安全出口场景图

志愿者招募程序与实验的主要过程如上节所述。参与该实验的志愿者共 258 人，最终得到 250 份有效数据，其中男性 134 名，女性 116 名，年龄 14~60 岁（平均值 23.63 岁，标准差 4.507 岁），以高校学生为主。各场景实验组被试者信息描述统计见表 5.5，方差分析（ANOVA）结果表明各组样本基本信息没有显著性差异。

各实验场景被试基本信息描述统计　　　　　　　　　　　　表 5.5

	实验场景 1	实验场景 2	实验场景 3	实验场景 4	F	P
人数	63	62	60	65	—	—
性别	M：44.4% F：55.6%	M：53.2% F：46.8%	M：63.3% F：36.7%	M：55.4% F：44.6%	1.498	0.216
年龄	μ：23.75 s：3.80	μ：23.56 s：5.43	μ：24.08 s：4.53	μ：23.11 s：4.05	0.506	0.68
职业（主修专业） 教育程度	A：69.8% O：30.2% U：7.94% B：38.10% G：53.97%	A：51.6% O：48.4% U：14.52% B：29.03% G：56.45%	A：61.7% O：38.3% U：3.33% B：26.67% G：70.00%	A：47.7% O：52.3% U：20.00% B：12.31% G：67.69%	1.636 2.578	0.182 0.082

	实验场景 1	实验场景 2	实验场景 3	实验场景 4	F	P
	Y : 57.1%	Y : 59.7%	Y : 68.3%	Y : 55.4%	0.981	0.402
	N : 42.9%	N : 40.3%	N : 31.7%	N : 44.6%		
消防安全培训	Y : 6.35%	Y : 11.29%	Y : 13.33%	Y : 9.23%	0.605	0.612
真实火灾经历	N : 93.65%	N : 88.71%	N : 86.67%	N : 90.77%		
火灾疏散演习	Y : 57.14%	Y : 59.68%	Y : 68.33%	Y : 55.38%	0.838	0.474
方向感自评	N : 42.86%	N : 40.32%	N : 31.67%	N : 44.62%		
	μ : 2.70	μ : 2.90	μ : 3.23	μ : 2.72	1.187	0.32
	s : 1.80	s : 1.76	s : 1.81	s : 1.73		

注：M 男性百分比，F 女性百分比，μ 均值，s 标准差，Y 是（百分比），N 否（百分比），A 建筑相关专业百分比，O 其他专业百分比，U 大学以下，B 大学本科/专科，G 研究生及以上。

5.2.2 实验结果与讨论

1. 预动作时间

1）预动作时间与分布特征

4 个场景中人员预动作时间对比见表 5.6 和图 5.9。总体上，所有人员平均预动作时间为 26.05s（标准差 20.86s），最短时间 2s（场景 4），最长时间 163s（场景 2）。如表 5.6，场景 1 中人员平均耗时最长（均值 36.41s，标准差 24.94s），场景 2 平均时间第二长（均值 27.67s，标准差 23.21s），且高于总体平均时间。场景 3（均值 20.25s，标准差 16.77s）与场景 4（均值 19.8s，标准差 11.75s）平均时间均低于总体平均时间，场景 4 具有最低的平均时间，但场景 3 时间 25% 分位数（11s）、中位数（14s）和 75% 分位数（18s）均优于场景 4（12s、16s、23s）。4 个场景的时间数据方差分析（ANOVA）结果表明不同环境对人员预动作时间有显著影响（$F= 26.113, P< 0.001$）。

人员预动作时间描述统计   表 5.6

实验场景	控制变量	样本	最小 (s)	最大 (s)	均值 (s)	标准差 (s)	分位数量度（s）		
							25%	50%	75%
场景 1	常规报警音不可见火灾	63	5	112	36.41	24.94	17	34	45.5
场景 2	指示立即疏散音不可见火灾	62	4	163	27.67	23.21	14	23	32
场景 3	常规广播音可见火灾	60	5	78	20.25	16.77	11	14	18
场景 4	指示立即疏散音可见火灾	65	2	65	19.8	11.75	12	16	23
总体	—	250	2	163	26.05	20.86	13	17	34

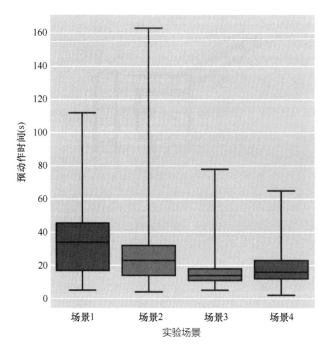

图 5.9　4 个实验场景人员预动作时间箱体图

预动作时间概率分布规律具有较好的工程实践意义，是该领域的研究重点之一。 本研究为人员在建筑内同一位置的预动作时间数据，没有人员信息传递影响，强调人员因环境差异疏散响应启动延迟的规律，不同于一般意义的预动作时间分布。

采用文献中常用的 7 种分布函数（正态分布、对数正态分布、韦布尔分布、贝塔分布、Logistic 分布、瑞利分布、伯尔分布）分别拟合 4 个场景中的时间数据，如图 5. 10 所示。 场景 1 中伯尔分布（SSE= 15. 17）、贝塔分布（SSE= 20. 44）、韦布尔分布（SSE= 21. 24）拟合误差较小，对数正态分布（SSE= 508. 06）误差最大；场景 2 中贝塔分布（SSE= 70. 44）误差最小，正态分布（SSE= 198. 53）误差最大；场景 3 中 7 种分布拟合误差均不佳，其中韦布尔（SSE= 115. 77）和伯尔分布（SSE= 124. 57）误差相对较小，正态分布（SSE= 1065. 31）误差最大；场景 4 中韦布尔分布（SSE= 5. 69）和伯尔分布（SSE= 8. 71）误差最小，正态分布（SSE= 158. 31）误差最大。 总体上，4个实验场景的人员预动作时间概率分布并不呈现统一特征，这有可能是由于场景环境差别因素引起的，也可能是人员预动作时间随机性较大，7 种分布函数中，伯尔分布和韦布尔分布总体拟合误差较好，正态分布拟合总体误差较大。

回归模型通常被用于人员预动作时间的分布预测，我国性能化设计标准中指出，人员预动作时间呈现对数正态分布[191]。 目前许多研究都试图精确拟合单个事件的频率分

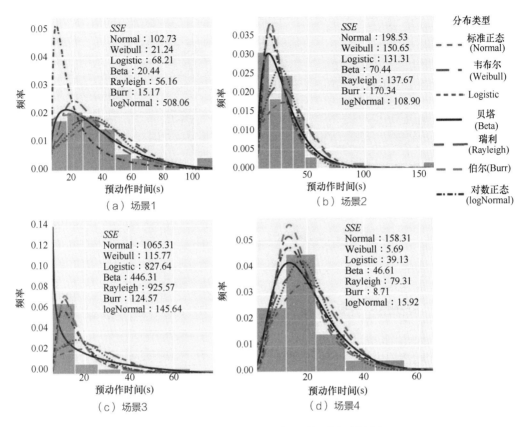

图 5.10   4 个场景的概率分布直方图与 7 种分布函数拟合曲线及误差平方和（*SSE*）

布，本研究发现即使在单个场景的单个位置，在不同环境下预动作时间呈现的分布特征也有较大差异，因此对单个事件的回归分析很可能导致过度拟合。 部分学者尝试在回归模型中加入随机变量来解决该问题[192]。 人员在火灾中的行为虽然复杂，但具有可认知的模式，与引入随机性相比，研究预动作时间与潜在影响因素的具体关系是更好的选择。HBIF 有大量的潜在影响因素，因素间存在各种可能的关联性，部分因素仅影响少量的人群，传统统计学中假设检验方法在 HBIF 研究中存在许多缺陷，近年来迅速发展的机器学习技术侧重分析所有可能变量与结果之间的关系，能够充分揭示实验数据和变量之间的潜在含义，在该领域研究中具有较好的潜力。

2）环境因素对预动作时间的影响分析

4 个实验场景中有 2 个配对组对照消防广播单变量差异，分别为场景 1 和场景 2，场景 3 和场景 4；有 2 个配对组对照火灾可见性单变量差异，分别为场景 1 和场景 3，场景 2和场景 4。 使用独立方差分析测试影响因素在统计学意义上的显著性。

（1）消防报警广播内容。 场景 1 场景 2 对比，场景 2 平均时间（均值 27.67s，标准差 21.31s）比场景 1（均值 36.41s，标准差 24.94s）少 8.74s，25% 分位数（14s）、中位数（23s）和 75% 分位数（32s）均低于场景 1（17s，34s，45.5s）。方差分析结果 $[F(1, 123) = 4.105, P = 0.045]$ 表明在火灾不可见情况下，地下商业建筑消防报警广播音对人员预动作时间具有显著影响，在消防疏散广播中使用"请立即疏散"比使用"请遵从工作人员指挥"能促进人员更快启动疏散。场景 3 和场景 4 对比，人员预动作时间均值没有明显差异（2.27%），场景 4 标准差（11.75s）比场景 3（16.77s）少 5.02s，方差分析结果 $[F(1, 122) = 0.026, P = 0.871]$ 表明在火灾可见情况下，地下商业建筑消防报警广播音对人员预动作时间没有显著影响。

（2）火灾可见性。场景 1 和场景 3 对比，场景 3 平均时间（均值 20.25s，标准差 16.77s）比场景 1（均值 36.41s，标准差 24.94s）少 16.16s，25% 分位数（11s）、中位数（14s）和 75% 分位数（18s）均低于场景 1（17s，34s，45.5s），方差分析结果 $[F(1, 121) = 17.612, P < 0.001]$ 影响显著。场景 2 和场景 4 对比，场景 4 平均时间（均值 19.8s，标准差 11.75s）比场景 2（均值 27.67s，标准差 23.21s）少 7.87s，25% 分位数（12s）、中位数（16s）和 75% 分位数（23s）均低于场景 2（14s，23s，32s），方差分析结果 $[F(2, 124) = 3.440, P = 0.035]$ 表明影响显著。火灾可见性对地下商业建筑人员预动作时间具有显著影响，可见火灾的情况下人员预动作时间倾向于更短。

多年的公众消防安全教育中一直在强调"消防报警＝立即疏散"，然而，各种建筑火灾事故和实证研究表明，人员往往并不会在消防报警后立即疏散。研究已证实疏散响应延迟与报警方式密切相关，我国目前法规中对火灾报警信号并不明确，现行规范仅要求火灾报警装置在事件中发出区别于环境声的警报信号，语音内容也未做出限制，在实践中，采用多种报警信号音，实时广播与录音广播都较为常用。实验结果表明，消防报警中的语音内容对预动作时间有显著影响。在该问题上的实证研究较少，火灾报警信号的关键在于正确传递当前的紧急信息，多样化的信号可能不利于其识别性和公众教育，Proulx[193, 194] 认为火灾报警信号需要规范化以被公众正确识别，目前美国、加拿大等国对火灾报警信号都采用标准化的可听音调和视觉信息。我国有必要在法规体系中规范消防报警信号与广播内容以增强其可识别性。

3）个体因素影响

表 5.7 为 4 个实验场景中不同个体预动作时间的方差分析结果，仅在火灾不可见且常规报警音情况下人员的职业/专业背景与预动作时间呈现显著相关性，但在场景 1 中，性别因素拒绝原假设（自变量与因变量相互独立，即不相关）概率为 0.063，在场景 2 中，职业/专业背景拒绝原假设概率为 0.07，因而有必要进行进一步描述统计分析。

	场景 1		场景 2		场景 3		场景 4	
	F	P	F	P	F	P	F	P
性别	3.583	0.063	0.006	0.937	1.388	0.234	0.574	0.452
年龄	—	—	—	—	—	—	—	—
职业	5.222	0.002	3.165	0.08	0.092	0.763	0.634	0.429
教育程度	2.545	0.087	0.462	0.632	0.282	0.755	0.755	0.474
消防安全培训经历	0.659	0.420	1.776	0.207	0.059	0.808	2.073	0.155
火灾经历	0.048	0.827	1.032	0.314	0.008	0.929	0.004	0.948
疏散演习经历	0.005	0.943	1.172	0.283	0.003	0.958	0.396	0.531
方向感	0.784	0.541	0.657	0.624	0.489	0.744	0.803	0.528

表 5.8 为 4 个场景中不同性别与职业/专业背景参与者预动作时间的描述统计，图 5.11 为不同场景下这两种因素的小提琴对比图。

部分个体因素的预动作时间描述统计　　表 5.8

影响因素		场景 1			场景 2			场景 3			场景 4		
		S	M	s	S	M	s	S	M	s	S	M	s
性别	男	28	42.93	28.43	33	27.45	26.95	38	22.18	19.37	36	18.81	10.00
	女	35	31.20	20.73	29	27.17	18.46	22	16.91	10.51	29	21.03	13.71
职业/专业	建筑类	44	30.07	19.64	32	22.69	11.78	37	21.09	17.14	31	18.58	9.15
	非建筑类	19	51.11	29.92	30	33	30.47	23	19.73	16.75	34	20.91	13.75

（1）性别。 场景 1 中男性平均时间（均值 42.93s，标准差 28.43s）比女性（均值 31.20s，标准差 20.73s）多 11.73s，25% 分位数、中位数和 75% 分位数时间均多于女性，场景 2、场景 3、场景 4 中不同性别在均数和各分位数上的差异并不明显。 虽然统计学意义上的影响显著性不明显，从描述统计可以认为在火灾不可见、常规报警音情况下，女性预动作时间倾向于比男性更短；而火灾可见情况下，性别对预动作时间没有显著影响。

男性在场景 2 中平均预动作时间（均值 27.45s，标准差 26.95s）相对场景 1 减少

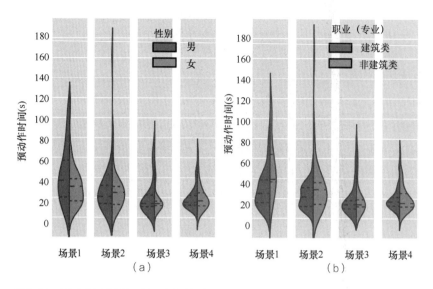

图 5.11　2 种个体因素影响下的预动作时间小提琴对照图

15.48s，而女性仅减少 4.03s，可以认为消防报警广播内容的改变对男性的影响显著大于女性，因而导致在场景 2 中人员性别差异在统计学意义上不太显著。表明男性对消防报警广播内容更具服从性。

（2）职业/专业背景。场景 1 中建筑类人员平均时间（均值 30.07s，标准差 19.64s）比非建筑类人员（均值 51.11s，标准差 29.92s）少 20.04s，25% 分位数、中位数和 75% 分位数时间均少于非建筑类人员，方差检验结果 [F（1，61）= 10.956，P = 0.002] 影响显著；场景 2 中建筑类人员平均时间（均值 22.69s，标准差 11.78s）比非建筑类人员（均值 33s，标准差 30.47s）少 10.31s，25% 分位数、中位数和 75% 分位数时间均少于非建筑类人员。场景 3、场景 4 中职业/专业背景对预动作时间没有显著差异。表明火灾不可见情况下，从事建筑类职业专业/（主修专业）人员的预动作时间倾向于更短。

性别被认为是最重要的 HBIF 影响因素之一，性别差异对人员疏散过程中的生理和心理都有影响。Tong 和 Canter[101] 发现在住宅火灾中女性会更快撤离，男性倾向于首先尝试灭火，Proulx 认为[193] 在公共建筑与住宅建筑中人员存在角色差异，住宅建筑中住宅及其内物品是人员自身财产，因此有控制火情的责任，在公共建筑中不同性别的表现可能不同；职业/专业背景与人员在疏散过程中建立认知地图、安全事件敏感性、方向感等因素相关[17]；当前一般认为消防安全培训可以增强人员在火灾疏散时的表现，但缺乏证据。研究结果表明，性别和人员专业背景两项因素与预期相符，对预动作时间有影响，在火灾不可见的场景中，女性的预动作时间更短，消防报警语音对男性的影响大于女性。而其他因素在本研究中的影响显著性不明显，对此尚需更进一步研究。

2. 疏散策略

1）疏散寻路策略选择

虚拟场景中在参与者面临的第一个疏散决策点设置了 3 个引导因素，但参与者在该点的路径选择和最终出口并不一定代表其在该点选择的寻路策略，部分可能采用了其他方式，例如随机寻路或自身对直行或左右路径的偏好等。因此，疏散策略的选择是根据事后的调查问卷和参与者在该点实际做出的路径选择共同决定的，如果一致，则确定参与者在该点选择了该策略。

参与者在 E 点的疏散策略选择和最终到达出口统计结果见表 5.9，可以看出绝大部分参与者选择了预先假设的 3 种策略中的一种，占比 91.2%，仅 8.8% 选择其他方式寻路。其中选择疏散标志的最多，占比 52.8%；其次为选择熟悉出口，占比 26.0%；选择自然采光的最少，占比为 12.4%。从到达相应出口的成功率来看，选择疏散标志的最高，为 97.7%，选择熟悉出口与自然采光的成功率相似，分别为 75.38% 和 77.42%。

参与者的疏散寻路策略选择与最终到达出口　　　　　　　　　　表 5.9

疏散寻路策略	到达出口	样本	占比	总体百分比
选择熟悉出口	选择熟悉出口	49	75.38%	26.0%
	选择标志出口	12	18.46%	
	选择自然采光	4	6.15%	
选择疏散标志	选择熟悉出口	1	0.76%	26.0%
	选择标志	128	97.73%	
	选择自然采光	3	2.27%	
选择自然采光	选择熟悉出口	4	12.90%	12.4%
	选择标志	3	9.68%	
	选择自然采光	24	77.42%	
其他	选择熟悉出口	11	52.38%	8.8%
	选择标志	5	23.81%	
	选择自然采光	5	23.81%	

所有参与者在地图中的轨迹叠加如图 5.12（a）所示，部分人员在选择了相应疏散策略后未能成功到达相应的预设出口，如图 5.12（b）所示。某个参与者在某个点折返并选择此前经过的另一条路径，对此有很多可能的解释，在实际的消防疏散中，疏散者也可能会被环境或其他人吸引，并改变其原始的寻路策略。在 3 种策略中，选择跟随疏散标

志的参与者到达预设出口的比例比选择熟悉出口或自然采光的高，可以认为在地下商业建筑消防疏散中，疏散标志具有更好的指向性，人员对其通往安全出口具有更高的信心。

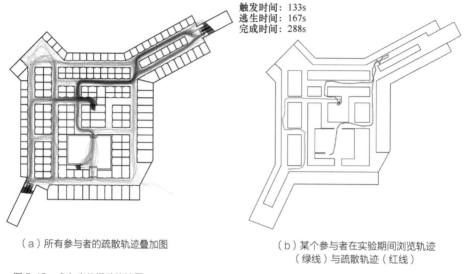

触发时间：133s
逃生时间：167s
完成时间：288s

（a）所有参与者的疏散轨迹叠加图 　　（b）某个参与者在实验期间浏览轨迹
　　　　　　　　　　　　　　　　　　　　（绿线）与疏散轨迹（红线）

图 5.12　参与者的运动轨迹图

2）3 种疏散策略效率对比

评估疏散有效性的常规方法是对时间的评估，但在 VR 实验中，由于人员对设备使用状况的差异无法用虚拟场景中的步行速度代表现实生活中的速度，因此使用步行距离与最短路径的距离偏差来评估疏散寻路策略的效率。 由于参与者在疏散过程中路径偏转、反复导致了更长的行走路线。 当前的消防安全政策通常会规定人员在建筑中撤离的最短距离并假设其会按照该路线撤离，因此评估疏散寻路策略在路径上的效率是非常重要的[31]。 疏散效率可通过路径最短距离除以人员在撤离中实际行走的长度得到，该值越接近 1 越好。

3 种疏散寻路策略的参与者疏散效率统计见表 5.10、图 5.13。 选择疏散标志有最好的平均疏散效率（0.90），且在各分位数量度上均好于其他两种策略，其次为选择自然采光（均值 0.82），选择熟悉出口最差（均值 0.70），单因素方差分析表明选择不同的策略对疏散效率有显著影响（F= 33.358，P< 0.001）。

3 种疏散寻路策略疏散效率对比描述统计　　　　　　　　　表 5.10

	选择熟悉出口		选择疏散标志		选择自然采光		F	P
	μ	s	μ	s	μ	s		
疏散效率	0.70	0.17	0.90	0.12	0.82	0.23	29.74	< 0.001

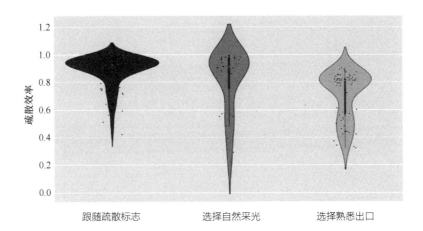

图 5.13   3 种策略疏散效率小提琴图对比

对疏散寻路策略选择与疏散效率进行分析可知，在地下商业建筑火灾事件中，人员受到多种因素影响而形成决策与疏散寻路策略。在当前的消防安全政策中倾向于假设人员会沿着疏散标志指示的方向撤离，尽管在实验中选择疏散标志的人员占比最多，但从总体来看仍然有约一半的参与者未选择沿着疏散标志方向撤离。在实验设置的 3 个因素中，选择熟悉出口和自然采光方向的实验者也占据了一定的比重。从疏散寻路策略成功率来看，选择疏散标志的参与者更有可能到达相应的安全出口，这暗示疏散标志在紧急情况下具有更好的引导性。同时，选择疏散标志的人员具有更高的疏散效率，能够以相对较短的路径完成疏散过程，在现实疏散事件中意味着节省宝贵的时间。

研究火灾中人员疏散决策行为对疏散安全具有重要意义。消防安全政策，特别是建筑空间设计与消防疏散管理，应当考虑这些因素带来的影响。例如，在地下商业建筑中协调安全疏散出口位置与自然采光中庭，从室内路径布局和出入口位置合理化让人员更容易记忆等方面提高整体的疏散表现。

3）个体因素影响

因选择跟随自然采光的参与者占总体样本量较少，因此这里分开讨论个体因素与是否选择疏散标志和是否选择熟悉出口的关系，即将因变量（疏散策略）理解成两个二元变量分开讨论。统计结果见表 5.11 和表 5.12，单因素和多因素分析基本一致，统计分析结果表明，消防安全培训与真实火灾经历对参与者是否选择沿着消防安全标志疏散寻路策略有显著性影响；统计分析结果表明，参与者自评的方向感对其是否选择熟悉出口具有显著影响，同时消防安全培训的 P 值接近 0.05。

个体因素对跟随疏散标志影响分析　　　　　　　　　　　　　表 5.11

	卡方检验		二元逻辑回归		
	χ^2	P	P	OR	OR 区间（95%CI）
性别	2.918	0.088	0.106	—	—
职业/专业背景	0.021	0.885	0.680	—	—
教育程度	1.648	0.439	0.800	—	—
消防安全培训经历	3.276	0.039	0.047	0.439	0.287~4.206
火灾经历	3.546	0.017	0.030	0.241	0.180~1.071
疏散演习经历	1.892	0.169	0.534	—	—
方向感	8.397	0.078	0.129	—	—

个体因素对选择熟悉出口影响分析　　　　　　　　　　　　　表 5.12

	卡方检验		二元逻辑回归		
	χ^2	P	P	OR	OR 区间（95%CI）
性别	0.068	0.795	0.914	—	—
职业/专业背景	0.145	0.704	0.902	—	—
教育程度	2.034	0.362	0.301	—	—
消防安全培训经历	3.838	0.050	0.066	—	—
火灾经历	1.444	0.230	0.210	—	—
疏散演习经历	0.648	0.421	0.748	—	—
方向感	4.823	0.039	0.037	1.427	1.021~1.994

参与者是否选择跟随疏散标志的统计结果如图 5.14 所示。具有消防安全培训经历的参与者选择跟随疏散标志的比例为 55.3%，比没有消防经历的高约 15 个百分点，有火灾

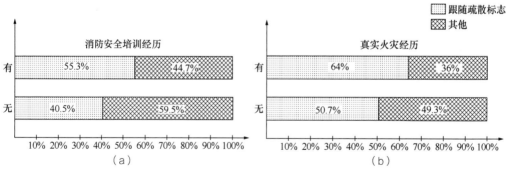

图 5.14　两种个体因素不同类别人员是否选择跟随疏散标志百分比

经历的参与者选择跟随疏散标志的比例达 64%，显著高于平均值。结合逻辑回归分析中的优势比（OR）可以认为,地下商业建筑中当人员有消防安全培训经历时，在消防疏散中选择跟随疏散标志的概率将增加 47 个百分点，当人员有过火灾经历时，概率将增加约 24 个百分点。因此，消防安全培训能够让人员在火灾紧急情况下提高做出正确选择的概率，有火灾经历的人员可能会在平时更多关注火灾安全相关知识，在紧急情况下提高做出正确选择的概率。

参与者是否选择熟悉出口的统计结果，如图 5.15 所示。有消防安全培训经历的参与者选择熟悉出口的比例（23.6%）明显低于没有消防安全培训经历的参与者（38.1%），方向感自评较强或很强的参与者选择熟悉出口的比例（33.3%）明显高于其他两个类别（约 20%）。因此可以认为，地下商业建筑消防疏散中，方向感较好的人员选择通过熟悉出口进行疏散的概率更高。

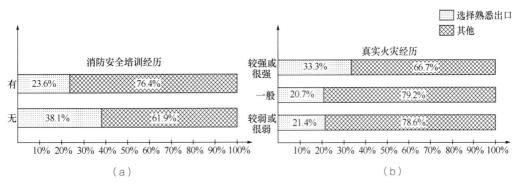

图 5.15 两种个体因素不同类别人员是否选择熟悉出口百分比

个体因素对疏散寻路策略影响的研究结论，对于消防安全的管理有重要启示，对疏散建模也具有重要意义。疏散模型已经被广泛用于评估建筑消防安全性，然而现有的大部分行人疏散模型都只是在人与障碍或人与人之间的物理层面具有较好的模拟，在行为层面通常简化人员在疏散过程中的决策与行为，采用类似最短路径等方法模拟人员的路径选择[33]。对于当前以时间为核心的建筑消防性能评估方法，忽略人员在疏散过程中的决策与行为可能带来潜在的危险。因而对于通常具有复杂性布局和空间组织的地下商业建筑，进行需要考虑人员的多种行为以提高疏散时间评估的准确性。

5.3　实验二：疏散标志位置与颜色对疏散寻路的影响

5.3.1　实验设置

实验二的主要目的是探索不同标志位置对人员疏散效率的影响，作为一项探索性研究，对疏散标志颜色的影响也进行了研究。

实验的场景基于基础场景一，但封闭了自然采光出口，保留了剩下的 2 个出口。图 5.16 为虚拟场景的平面图和场景设置。参与者出生于 A 点商铺内，在其选择的任意一个方向均有不同的疏散标志指示，整个场景的疏散标志示意如图 5.16 所示，疏散标志的指向根据到疏散出口的距离划分为指向出口 B 和指向出口 C 两个区域。按照商场建筑中疏散标志的一般设置，地面标志和墙角标志每 8~12m 设置一个，且在交叉口区域一定设置，顶部标志仅在路径交叉口区域设置，墙角标志距离地面约 20cm。根据疏散标志的样式和颜色，共分为 5 个场景，虚拟场景中的标志样式如图 5.17 所示。

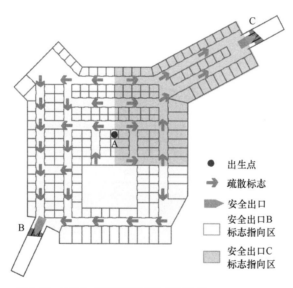

图 5.16　实验二虚拟场景平面图与场景设置

实验场景分组设置如图 5.18 所示，5 个场景根据标志的位置不同和颜色不同可分为 2 个对照场景组。在正式实验中，参与者在实验前问卷中即被告知该实验与消防疏散相

　　　　　　　　　　　地下商业建筑人员消防疏散行为与建模

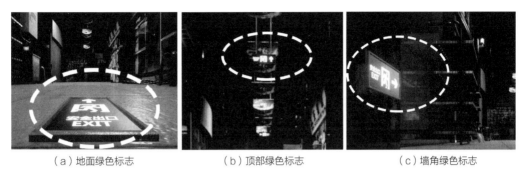

（a）地面绿色标志　　　　　　　　（b）顶部绿色标志　　　　　　　　（c）墙角绿色标志

（d）墙角红色标志　　　　　　　　　　　　　　　（e）墙角蓝色标志

图 5.17　不同场景中标志的样式

图 5.18　实验场景分组设置

关，进入场景后，出生于地图 A 点的商铺内，此时已经是应急疏散状态，消防报警背景广播响起，消防安全标志处于点亮状态，场景内仅保留了较弱的照明以模拟紧急疏散照明情况，背景广播内容为："本商场发生紧急事故，但已得到有效控制，请您不要惊慌，在听到广播后，请由最近的安全出口有序撤离，谢谢您的合作！"总共 156 名志愿者参与实验，除去实验失败和数据不完整的样本，总共获得有效数据样本 151 份。其中，男性 73人，女性 78 人，年龄 10~52 岁，均值 21.83 岁，标准差 5.3 岁。

5.3.2 实验结果与讨论

根据前面的分析，在虚拟设备中采用时间评估可能因不同人员对设备使用状况的差异造成潜在的偏差，因此对该问题的分析主要采用人员在某个标志状态下是否沿最短路径疏散到出口以及疏散效率两个指标进行确定。采用卡方检验和方差分析讨论不同标志对两个指标在统计学意义上的影响显著性，并采用各种描述统计和图表进一步分析。

1. 标志位置对人员疏散的影响

图 5.19 为标志位置的三个场景实验结果疏散轨迹叠加图。从轨迹直观来看，标志位于墙角的场景的人员疏散轨迹相对更集中，出现反复或混乱性的轨迹相对更少。表 5.13 为 3 个场景中参与者是否选择最短路径进行疏散的描述统计，卡方检验 P 值为 0.072，但从不同位置标志人员是否沿最短路径疏散来看，标志在墙角场景中 70% 的参与者都按照最短路径进行疏散，明显高于标志在地面和顶部两个场景中的 48.28% 和 41.94%。可以认为位于墙角的疏散标志有更好的导向性，让人员能够更高概率以最短路径到达指示的出口。

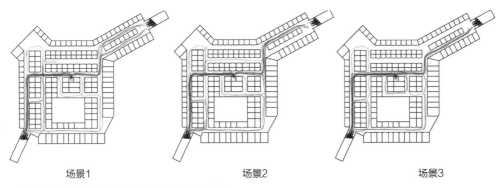

场景1　　　　　　　　　场景2　　　　　　　　　场景3

图 5.19　标志位置三个场景实验结果轨迹叠加图

3 个场景的疏散效率描述统计见表 5.14，标志在墙角场景疏散效率平均值最高，为 0.84，标志在地面的场景疏散效率略低于标志在墙角的场景，为 0.83，标志在顶部的场景疏散效率相对最低，为 0.77。方差分析结果 P 值为 0.182，统计学意义上的影响不显著。从小提琴图的描述统计来看（图 5.20），标志在墙角和地面的场景疏散效率密度分布比较集中，绝大部分位于 0.8 以上的区域，下四分位数均大于 0.8；而标志在顶部的场景人员效率数据密度分布相对分散，下四分位数在约 0.6 的位置。因此可以认为，地下商业建筑中将消防疏散标志布置在墙角或地面比顶部具有更好的消防疏散效率。

不同疏散标志位置场景参与者是否选择最短路径描述统计与卡方检验　　　表 5.13

是否最短路径	标志位置			总计	χ^2	P
	地面	墙角	顶部			
否	15（51.72%）	9（30.00%）	18（58.06%）	42（46.67）		
是	14（48.28%）	21（70.00%）	13（41.94%）	48（53.33）	5.264	0.072
总计	29	30	31	90		

不同疏散标志位置场景疏散效率描述统计与方差分析　　　表 5.14

		标志位置			F	P
		地面	墙角	顶部		
样本量		29	30	31		
疏散效率	均值	0.83	0.84	0.77	1.736	0.182
	标准差	0.15	0.15	0.16		

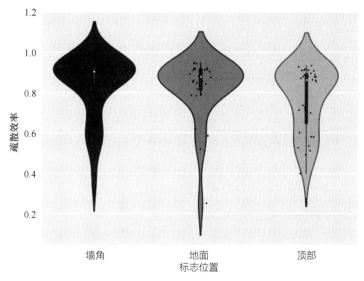

图 5.20　不同疏散标志位置场景疏散效率小提琴图

2. 标志颜色对人员疏散的影响

图 5.21 为标志颜色的 3 个场景实验结果疏散轨迹叠加图。从轨迹直观来看，绿色标志的场景的人员疏散轨迹相对更集中，出现反复或混乱性的轨迹相对更少。表 5.15 为 3 个场景中参与者是否选择最短路径进行疏散的描述统计，卡方检验 P 值为 0.002，表明标

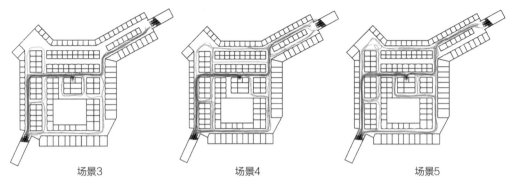

| 场景3 | 场景4 | 场景5 |

图 5.21　标志颜色的 3 个场景实验结果轨迹叠加图

志颜色对参与者是否按最短路径疏散具有显著影响，其中绿色标志场景中 70% 的参与者都按照最短路径进行疏散，远高于其他两种颜色的比例，在红色和蓝色标志场景中，仅有约 30% 的参与者通过最短路径到达出口。

不同疏散颜色场景参与者是否选择最短路径描述统计与卡方检验　　表 5.15

是否最短路径	标志颜色			总计	χ^2	P
	红色	绿色	蓝色			
否	23（69.70%）	9（30.00%）	19（67.86%）	51（56.04）	12.343	0.002
是	10（30.30%）	21（70.00%）	9（32.14%）	40（43.96）		
总计	33	30	28	91		

3 个场景的疏散效率描述统计见表 5.16。 绿色标志场景疏散效率平均值最高，为 0.84，蓝色与红色场景的疏散效率较低，分别为 0.75 和 0.73 且标准差比绿色场景大。 方差分析结果 P 值为 0.064。 从小提琴图的描述统计（图 5.22）来看，绿色标志场景中的疏散效率数据分布明显优于其他两个标志颜色场景，因此可以认为，在我国的地下商场建筑中并不适合采用欧美等一些国家地区采用的红色疏散标志。 这可能是由文化差异引起的，红色虽在视觉上较为明显，带有警告含义，但在我国的相关规定中，红色通常与禁止、禁行等提示有关。

不同颜色标志场景疏散效率描述统计与方差分析　　表 5.16

		标志颜色			F	P
		红色	绿色	蓝色		
样本量		33	30	28	2.840	0.064
疏散效率	均值	0.73	0.84	0.75		
	标准差	0.20	0.15	0.22		

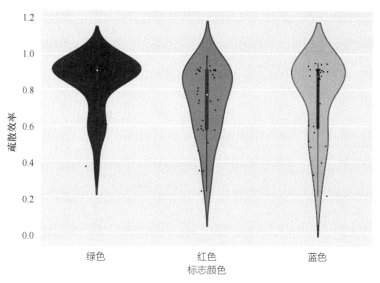

图 5.22　不同疏散标志颜色场景疏散效率小提琴图

　　实验表明，在地下商业建筑的消防疏散中，采用绿色且位于墙角或地面的疏散标志具有更好的整体疏散效率，两者中位于墙角的疏散标志具有更好的指向性，人员有更高概率能按照预设的最短路径到达疏散出口。而在我国相关规范中，对消防疏散标志指示牌位置并没有特别的规定，如《建筑设计防火规范（2018 年版）》GB 50016—2014 要求：合理设置疏散指示标志，能更好地帮助人员快速、安全地进行疏散；所设置的标志要便于人们辨认，并符合一般人行走时目视前方的习惯，能起到诱导作用。国外的相关规范中对不同类型建筑疏散标志具体位置也仅提供原则性规定，如英国性能化标准 BS 5499 中规定疏散指示系统应在建筑内任何不可以直接看到安全出口并对安全出口的位置存在疑惑的地方设置疏散指示标志。关于疏散标志对人员疏散行为的影响尚需更多的实证研究以保障疏散时的安全性、节省疏散时间。本实验的结果启示了设计师在考虑地下商业建筑消防疏散标志设置时，相对于采用顶部疏散指示标志，应优先考虑位于墙角或地面的疏散指示标志。

5.4　实验三：疏散路径的视觉特征对疏散寻路的影响

5.4.1　实验设置

　　建筑内空间和环境配置相关要素可能会影响人员的寻路行为，这部分可能提示人员出口路径的相关要素称为暗示信息。在前期调研和专家评价中已经确定了本研究针对地下商业建筑消防疏散选取的潜在环境因素，这些因素可分为疏散路径的视觉特征和室内建筑要素两种类型。实验三和实验四研究这些因素对人员疏散寻路时的影响。

实验三的主要目的是研究地下商业建筑消防疏散中路径相对宽度、照明特征和色彩特征对疏散寻路的影响，实验场景基于基础场景二建立。实验建立了3个子场景，场景平面与相关设置如图5.23所示。3个场景中的相关设置如下：

（1）场景1是对照组场景。场景1的设置主要是为了消除通道本身位于左侧或右侧时对参与者可能的影响。人员在疏散过程中面临同等的左右路径选择时，其结果可能并不是一个概率相等的状态，由于文化等因素的影响，人员对左右道路的选择可能存在偏好。场景1中的所有通道都处于模拟应急照明环境下，宽度相同、亮度相同、没有色彩差异（记为"常规通道"）。参与者出生在场景中的A点，其将面临2次寻路决策到达出口：参与者进入场景后首先面对由2条通道组成的Y形路口（图5.23场景1红色圆圈区域），2条通道位于参与者正前方，呈30°夹角，宽度均为3m。参与者进行了第一次寻路决策后将来到一个T形路口，左右两边的通道状态相同，选择任意一条路径后继续前行即可到达X、Y、Z某一安全出口。

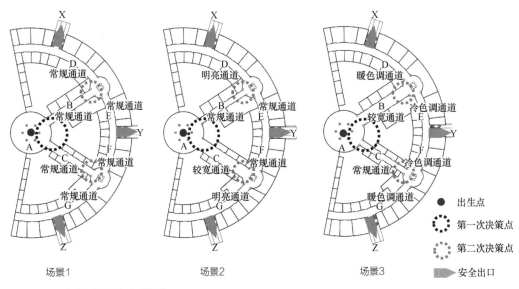

图5.23 实验场景平面与相关设置

（2）场景2是路径相对宽度和明暗特征对疏散寻路影响的实验场景。该实验组的参与者在进入场景后面临一个通道宽度不同的Y形路口，左侧的通道B为常规通道，宽度3m，右侧的通道C宽度为6m，通道的其他视觉状态相同，参与者进行了第一次寻路决策，即选择不同宽度通道后到达第二个决策点的 T 形路口，左右两侧的通道一个为常规通道，另一个在照度上显著高于常规通道（记为"明亮通道"）（图 5.23 场景 2 绿色圆圈区域）。第一次寻路决策选择窄通道的参与者，左侧为明亮通道，右侧为常规通道；选择宽通道的参与者，右侧为明亮通道，左侧为常规通道。在第二次寻路决策后继续前行即可到达安全出口。

（3）场景 3 为路径相对宽度和色彩冷暖对疏散寻路影响的实验场景。该实验组的参与者进入场景后面临与场景 2 相反的不同宽度的 Y 形路口，当参与者到达第二个寻路决策点后将面临左右通道在色彩倾向上存在明显差异（主要是通过墙面材质色彩和弱光表现）的 T 形路口。第一次寻路决策选择较宽通道的参与者左侧为偏暖色调通道，右侧为偏冷色调通道；选择较窄通道的参与者左侧为偏冷色调通道，右侧为偏暖色调通道。

本实验的其他设置与实验二类似，参与者在实验前调查问卷中即被告知该实验与消防疏散相关，进入场景后已经是应急疏散状态，消防报警背景广播响起，场景中无任何疏散指示标志，仅在安全出口位置有标志，场景内除明亮通道外仅保留了较弱的照明以模拟紧急疏散照明情况，背景广播内容为："本商场发生紧急事故，但已得到有效控制，请您不要惊慌，在听到广播后，请由最近的安全出口有序撤离，谢谢您的合作！"总共 227 名志愿者参与实验，除去实验失败和数据不完整的样本，总共获得有效数据样本 223 份。其中，男性 117 人，女性 106 人，年龄 14～39 岁，均值 23.84 岁，标准差 3.23 岁。

5.4.2　实验结果与讨论

图 5.24 为场景 1 对照组中参与者所有疏散轨迹叠加图。Y 形路口和 T 形路口的通道选择描述统计和卡方检验结果见表 5.17。从轨迹叠加图可以较为直观看出，Y 形路口参与者左右选择的轨迹差别并不明显，而在 T 形路口差异较为明显，同时有部分参与者在起始位置也尝试寻找其他可能的出口或通道。从最终结果的描述统计来看，在 Y 形路口有 58.9% 的参与者选择了右侧通道，41.1% 的参与者选择了左侧通道，用 50% 概率的假设对比进行卡方检验结果无统计学意义上的显著影响。在 T 形路口，63.01% 的参与者选择右侧通道，36.99% 选择左侧通道，卡方检验结果 P 值为 0.095，没有统计学意义上的显著影响。

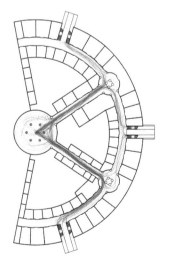

图 5.24　场景 1 参与者疏散轨迹叠加图

场景 1 中不同路口参与者左右通道选择描述统计与卡方检验结果　　　　表 5.17

决策路口	通道选择	频数	百分比	卡方检验（检验值：50%随机假设）	
				χ^2	P
Y 形路口	右	43	58.90%	1.352	0.245
	左	30	41.10%		
T 形路口	右	46	63.01%	2.782	0.095
	左	27	36.99%		
合计		73	100.0%		

假设检验的统计学方法没有显著性影响，但从总体来看，选择右侧路径的参与者比例更高，Y 形路口和 T 形路口选择右侧通道的比例均达到 60% 左右，其中 T 形路口比例更高，可以认为疏散时对同等的左右路径选择在整体人群中是不对称的，选择右侧的比例更大一些；从个体来看，根据图 5.24，第一次选择右侧的参与者在第二次路径选择时，右侧通道的轨迹密度明显大于左侧，而第一次选择左侧的参与者在第二次路径选择时左右通道的轨迹较为均衡，因此可以认为对于特定的人员，其在疏散寻路时对于左右路径的选择并非随机，而是存在某种个体偏好。对此还需继续研究，如哪些个体特征与其转向偏好有关。关于转向左右偏好的研究，对消防疏散设计和仿真模型都具有重要意义。

1. 疏散路径宽度对疏散寻路行为的影响

参与者在场景 2 和场景 3 中的第一次寻路决策即面临不同宽度的通道，场景 2 和场景 3 中较宽通道分别位于参与者视前方的右侧与左侧。图 5.25 为场景 2 与场景 3 的疏散轨迹叠加图。直观来看，选择较宽通道的轨迹密度明显大于常规通道的轨迹密度。描述统计和卡方检验结果见表 5.18。场景 2 中较宽通道位于 Y 形路口右侧时，参与者选择较宽通道的比例为 77.92%，选择较窄通道的比例为 22.08%，与对照组列联表卡方检验结果 P 等于 0.012，影响显著。场景 3 中较宽通道位于 Y 形路口左侧时，参与者选择较宽通道的比例与场景 2 较为接近，为 77.78%，选择较窄通道的比例为 22.22%，与对照组列联表卡方检验结果 P 小于 0.001，影响显著。实验结果表明地下商业建筑消防疏散中，疏散路径宽度对人员的寻路行为具有显著影响，大部分人员会倾向于选择更宽的通道。

不同宽度通道场景中参与者路径左右选择的描述统计与卡方检验结果　表 5.18

实验组	通道选择	频数	百分比	卡方检验（检验值：对照组）	
				χ^2	P
场景 2（右侧为较宽通道）	右	60	77.92%	6.299	0.012
	左	17	22.08%		
场景 3（左侧为较宽通道）	右	16	22.22%	20.21	< 0.001
	左	56	77.78%		
场景 1（对照组）	右	43	58.90%	—	—
	左	30	41.10%		

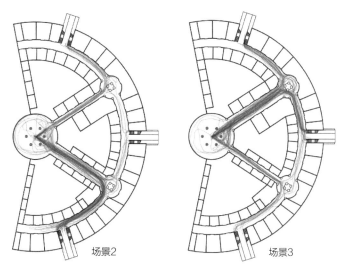

图 5.25　场景 2 与场景 3 参与者疏散轨迹叠加图

通常更宽的通道意味着建筑内的主要通道，一般位于室内布局的主轴上，连通各个主要的出入口。因此在地下商业建筑的建筑设计中应考虑将主要通道与次要通道的宽度进行区分，主要通道能够方便到达各个出入口，以加强其在消防疏散时的引导作用。

2. 疏散路径照度对疏散寻路行为的影响

场景 2 中参与者在第二次决策点的 T 形路口进行明暗通道的选择。直观来看，在 T 形路口选择明亮通道的轨迹密度明显高于常规通道。描述统计和卡方检验结果见表 5.19，当明亮通道位于 T 形路口左侧时，绝大部分参与者选择明亮通道，比例为 82.35%，选择常规通道比例为 17.65%，与对照组列联表卡方检验结果 P 为 0.001，影响显著。当明亮通道位于 T 形路口右侧时，绝大部分参与者选择明亮通道，比例为

90%，选择常规通道比例为 10%，与对照组列联表卡方检验结果 P 小于 0.001，影响显著。 实验结果表明地下商业建筑疏散路径照度会影响人员的疏散行为，大部分人员倾向于选择照度更高的路径进行疏散。

在当前我国的相关法规中，疏散应急照明主要用于确保通道和疏散标志能够有效被辨认，因此应急照明设备的照度值通常比正常状态低。 我国公共场所中通常采用地面照度 0.5 lx 的应急照明环境。 本实验中发现人员在地下商业建筑疏散时倾向于选择照度较高，即看起来比较明亮的路径，但实验未对照度的具体数值与疏散表现进行进一步研究。 消防应急疏散中主要考虑电气系统短路可能加剧火灾并造成次生灾害，因此会关闭非消防电源，仅给疏散环境保留必要的人工照度。 本实验结论启示：设计师在考虑地下商业建筑应急照明设计时，在保留必要照度的基础上，可考虑在视觉上区分主要疏散通道与其他通道（如袋形走道）的照度，以加强消防疏散时的引导作用。 同时，随着蓄光自发光材料、阻燃电缆、阻燃电池等技术的发展，为更好更明亮的疏散应急照明环境提供了机会。

明暗通道对疏散者路径选择影响的描述统计与卡方检验结果　　　　表 5.19

决策路口	通道选择	频数	百分比	卡方检验（检验值：对照组）	
				χ^2	P
左侧明亮通道的 T 形路口	右	3	17.65%	11.44	20.001
	左	14	82.35%		
右侧明亮通道的 T 形路口	右	50	90%	13.197	< 0.001
	左	6	10%		
对照组（两边常规通道）	右	46	63.01%	—	—
	左	27	36.99%		

3. 疏散路径色彩对疏散寻路行为的影响

场景 3 中参与者在第二次决策的 T 形路口面临两边在色彩氛围上有明显差别的通道选择，其中一边是偏冷色调氛围的通道，另一边是偏暖色调氛围的通道。 直观来看，在两个 T 形路口的左右轨迹密度并无较明显差异。 描述统计和卡方检验结果见表 5.20。 在冷暖通道相对分布的两个 T 形路口，参与者左右选择的比例较为一致，选择右侧通道约 57%，选择左侧通道约 43%，与对照组列联表卡方检验结果 P 值均大于 0.05，无统计学意义上的显著影响。 对比前面结果，在冷暖通道路口人员做出的选择更多是基于路径的左右，而非其色彩特征，可以认为路径的色彩特征对地下商业建筑人员的疏散寻路没有显著影响。

5.5 实验四：建筑要素对疏散寻路的影响

5.5.1 实验设置

本实验主要研究室内环境暗示线索中建筑相关要素对人员寻路行为的影响。不同于通道在紧急疏散状态下的视觉特征，建筑要素一方面作为室内的某种特征标志物，能够增强人员对路径的记忆，有助于认知地图的形成，从而在紧急疏散状态下更容易找到想要的路径；另一方面，地下商业建筑内有一些建筑要素的分布具有一定规律性，例如向上的台阶暗示了到达离地面更近的位置，作为结构性的柱子通常分布在室内的主轴线上。这些特征作为一种常识性的认知，可能影响人员在地下商业建筑消防疏散寻路时的行为。本实验主要研究建筑要素在后一方面的影响，根据前面对各种要素的评估，选取了天窗、短台阶、柱子和门4种建筑要素对地下商业建筑人员消防疏散寻路的影响进行研究。

明暗通道对疏散者路径选择影响的描述统计与卡方检验结果　表 5.20

决策路口	通道选择	频数	百分比	卡方检验（检验值：对照组）	
				χ^2	P
左暖右冷通道的 T 形路口	右	32	57.14%	0.457	0.499
	左	24	42.86%		
左冷右暖通道的 T 形路口	右	9	56.26%	0.245	0.641
	左	7	43.75%		
对照组（两边常规通道）	右	46	63.01%	—	—
	左	27	36.99%		

实验的场景基于基础场景三。该场景由不同的 T 形和 F 型路口组成，4 种建筑要素分别设置于 T 形路口的左右两侧和 F 形路口的左右两侧，为消除直行习惯或路径左右选择习惯对要素的影响，同样也设置了对照组。本实验设置了 4 个子场景，场景平面与相关设置如图 5.26 所示，描述如下：

（1）场景 1 为对照组场景。参与者出生于场景中的 A 点，出生点有 2 条路可以选择，除去出生点的路径选择，参与者在经过至少 2 个决策路口后可到达场景上下左右中的某一出口位置，连接各路口的通道除位置外其他视觉信息是一致的。为保证参与者在 A

点能够均匀选择 2 条路径，参与者出生时随即朝向其中一条路径。 参与者在某个路口进行决策时，为保证下一个路口的视觉信息不影响其当前的选择，场景中进行光照处理，视觉范围只有 5m 左右，只能看到连接当前路口几条通道的视觉信息。

（2）与场景 1 相比，场景 2 中在各个路口决策点的某一侧设置了天窗。 场景中总共形成了 8 个决策点，建筑要素线索位于 F 形路口左侧、F 形路口右侧、T 形路口左侧、T 形路口右侧。 在出口位置可见一个通向真正室外的楼梯和非安全出口的门，参与者选择其中之一则实验结束。

（3）与场景 2 相比，场景 3 中的建筑要素为短台阶。

（4）与场景 3 相比，场景 4 中的建筑要素为柱子，各通道的宽度一致。

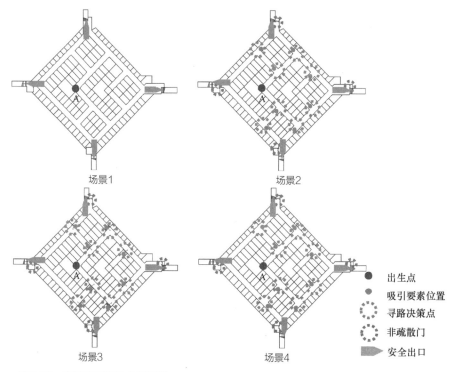

图 5.26　实验场景平面与相关设置

本实验的其他设置与实验三类似，参与者在实验前调查问卷中即被告知该实验与消防疏散相关，进入场景后已经是应急疏散状态，消防报警背景广播响起，场景中无任何疏散指示标志，场景内除有天窗的通道外仅保留了较弱的照明以模拟紧急疏散照明情况，背景广播内容为："本商场发生紧急事故，但已得到有效控制，请您不要惊慌，在听到广播后，请由最近的安全出口有序撤离，谢谢您的合作！"总共 166 名志愿者参与实验，除去实验失败和数据不完整的样本，总共获得有效数据样本 168 份：场景 1 有 39 份，场景 2

有 42 份，场景 3 有 45 份，场景 4 有 42 份。 其中，男性 79 人，女性 89 人，年龄 10~60
岁，均值 22.63 岁，标准差 0.58 岁。

5.5.2 实验结果与讨论

对参与者在决策路口的选择进行频数统计。 大部分参与者经过 2 个路口到达出口，
有部分参与者可能错过一次出口或选择的路线经过了多个决策路口，均计入最终统计。
最终对照组的实验结果见表 5.21。 在左侧和直行的 F 形路口中，参与者 19 次选择直
行，10 次选择左侧通道，直行占比 65.52%，以 50% 的随机假设进行列联表卡方检验结
果 P 为 0.228，统计学意义上的影响不显著；在右侧和直行的 F 形路口中，参与者 13 次
选择直行，8 次选择右侧通道，直行占比 61.9%，卡方检验结果 P 为 0.432，统计学意义
上的影响不显著；在 T 形路口中，参与者 31 次选择右侧通道，占比 62%，19 次选择左侧
通道，占比 38%，卡方检验结果 P 为 0.227，统计学意义上的影响不显著。 从结果来
看，参与者在 F 形路口更倾向于直行，在 T 形路口更倾向于右行。 对比实验三中参与者
在 T 形路口的路径选择，此处得到的比例相近也具有一定说服力。 卡方检验的 P 值对样
本量的敏感性较高，3 种决策路口的选择在统计学意义上的显著性不明显可能与样本数量
较少有关。

对照组中参与者通道选择描述统计与卡方检验结果   表 5.21

决策路口	通道选择	频数	百分比	卡方检验（检验值：50%随机假设）	
				χ^2	P
左侧 F 形路口	直行	19	65.52%	1.454	0.228
	左	10	34.48%		
右侧 F 形路口	直行	13	61.90%	0.617	0.432
	右	8	38.10%		
T 形路口	右	31	62.00%	1.461	0.227
	左	19	38.00%		

1. 天窗对疏散寻路行为的影响

图 5.27 为场景 2 中参与者的疏散轨迹叠加图。 从叠加图直观来看，在 F 形路口直行
的轨迹密度大于两侧通道，在 T 形路口两侧的轨迹密度有一定差异。 描述统计和卡方检
验见表 5.22。 在 F 形路口，左侧通道有天窗的情况下，选择天窗通道的频数为 12 次，

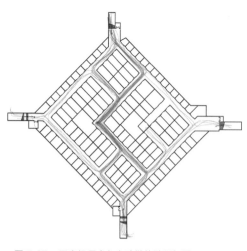

图 5.27　天窗场景参与者疏散轨迹叠加图

占比 42.86%，高于对照组中的 34.48%，与对照组列联表卡方检验结果 P 值为 0.516，无统计学意义上的显著影响。 在 F 形路口右侧通道有天窗的情况下，选择天窗的频数为 8 次， 占比 45.83%， 高于对照组中的 38.10%，卡方检验 P 值为 0.600，无统计学意义上的显著影响。 天窗位于 T 形路口左侧通道时，选择天窗通道的频数为 18，占比 85.17%，卡方检验 P 值小于 0.001，影响显著。 天窗位于 T 形路口左侧通道时，选择天窗通道的频数为 14，占比 63.64%，略高于对照组中的 62%，卡方检验 P 值为 0.895，

无统计学意义上的显著影响。 从结果来看，4 种路口中有天窗的通道被选择的频率均大于对照组中相应方向的频率。 其中，天窗位于 T 形路口左侧通道的影响具有统计学意义上的显著性。 可以认为天窗的存在对一部分参与者产生了影响，促使他们朝有天窗的通道运动。 一方面，天窗本身可能对部分人员来说暗示了出口方向；另一方面，其引入自然采光增加了通道的照度。 对比实验三中的研究，天窗的设置是因为其增加通道照度还是其作为出口暗示的意象影响了参与者的寻路行为尚需更多研究。

天窗是地下商业建筑中较为常见的要素，其设置通常与地下空间所处的地面位置特征有关，例如南坪亿象城结合城市道路中的绿化隔离带为地下商业建筑在主轴线上设置了一条天窗采光带。 实验表明天窗对人员疏散寻路时具有一定影响，相对于常规通道，人员有更大概率选择带有天窗的通道。 因此，在地下商业建筑的设计中，建议将天窗设置在室内的主要轴线和直接通往出口的通道上，以加强疏散时的引导作用，并能作为一种标志物加强人员在紧急情况下的认知地图和寻路正确率。

天窗场景中参与者通道选择描述统计与卡方检验结果　　　　　　　　　表 5.22

决策路口	通道选择	频数	百分比	卡方检验（检验值：对照组）	
				χ^2	P
F 形路口左侧天窗	直行	16	57.14%	0.422	0.516
	左	12	42.86%		
F 形路口右侧天窗	直行	13	54.17%	0.275	0.600
	右	8	45.83%		

决策路口	通道选择	频数	百分比	卡方检验（检验值：对照组）	
				χ^2	P
T形路口 左侧天窗	右	3	14.29%	13.492	< 0.001
	左	18	85.71%		
T形路口 右侧天窗	右	14	63.64%	0.017	0.895
	左	8	36.36%		

2. 短台阶对疏散寻路行为的影响

图 5.28 为场景 3 中参与者的疏散轨迹叠加图。从叠加图直观来看，在 F 形路口直行的轨迹密度明显大于两侧通道，在 T 形路口两侧的轨迹密度没有明显差异。描述统计和卡方检验见表 5.23。F 形路口，左侧通道有短台阶的情况下，选择短台阶通道的频数为 4 次，占比 11.76%，显著低于对照组中的 34.48%，与对照组列联表卡方检验结果 P 值为 0.031，具有统计学意义上的显著影响；右侧通道有短台阶的情况下，选择短台阶的频数为 5 次，占比 12.20%，显著低于对照组中的 38.10%，卡方检验 P 值为

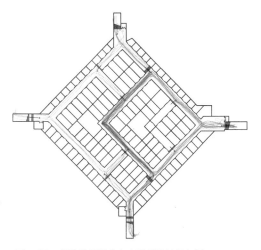

图 5.28 短台阶场景参与者疏散轨迹叠加图

0.018，具有统计学意义上的显著影响。T 形路口，左侧通道有短台阶的情况下，选择短台阶通道的频数为 11 次，占比 45.83%，卡方检验 P 值为 0.521，无统计学意义上的显著影响；右侧通道有短台阶的情况下，选择短台阶通道的频数为 13 次，占比 46.63%，卡方检验 P 值为 0.468，无统计学意义上的显著影响。结果表明：在 F 形路口，绝大部分参与者选择直行，相对于参照组，更倾向于避免具有短台阶的通道，这与实验假设恰好相反，可能短台阶并非出口方向的较强暗示，阻碍了正常直行的连贯性；在 T 形路口，短台阶似乎对疏散行为没有影响，参与者此时的选择更多是基于左右偏好而非受短台阶存在的影响。

地下商业建筑中经常采用台阶来处理室内的高差，该实验结果表明台阶的存在对寻路行为没有正面影响，启示设计师台阶不宜设置在路口明显可见的区域，应设置在通道中间位置。

短台阶场景中参与者通道选择描述统计与卡方检验结果　　　　表 5.23

决策路口	通道选择	频数	百分比	卡方检验（检验值：对照组）	
				χ^2	P
F 形路口 左侧短台阶	直行	30	88.24%	4.673	0.031
	左	4	11.76%		
F 形路口 右侧短台阶	直行	36	87.80%	5.622	0.018
	右	5	12.20%		
T 形路口 左侧短台阶	右	13	54.17%	0.413	0.521
	左	11	45.83%		
T 形路口 右侧短台阶	右	15	53.57%	0.527	0.468
	左	13	46.43%		

3. 柱子对疏散寻路行为的影响

场景 4 中的建筑影响要素为在路口某一通道两边设置柱子。图 5.29 为参与者的疏散轨迹叠加图。从叠加图直观来看，在 F 形路口直行的轨迹密度仍大于两侧通道，在 T 形路口两侧的轨迹密度有一定差异。描述统计和卡方检验见表 5.24。F 形路口，左侧通道有柱子的情况下，选择柱子通道的频数为 7 次，占比 25.00%，低于对照组中的 34.48%，与对照组列联表卡方检验结果 P 值为 0.434，无统计学意义上的显著影响；右侧通道有柱子的情况下，选择柱子的频数为 12 次，占比 34.29%，卡方检验 P 值为 0.773，无统计学意义上的显著影响。

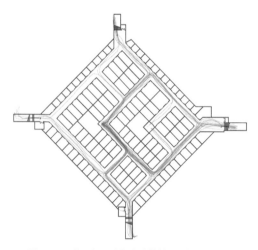

图 5.29　柱子场景参与者疏散轨迹叠加图

T 形路口，左侧通道有柱子的情况下，选择柱子通道的频数为 11 次，占比 52.38%，卡方检验 P 值为 0.171，无统计学意义上的显著影响；柱子位于左侧通道的情况下，选择柱子通道的频数为 14 次，占比 70%，卡方检验 P 值为 0.015，具有统计学意义上的显著影响。实验结果表明，柱子对人员疏散寻路行为并无影响或有负面影响，在 T 形路口右侧有柱子时，参与者倾向于选择无柱子的路径。进行建筑设计时，通常在地下商业建筑主要轴线路径上暴露结构柱以增强空间感，甚至部分建筑内设置假柱子。但实验结果表明，单纯的柱子对人员在疏散寻

地下商业建筑人员消防疏散行为与建模

路时并无显著影响，暗示了主要轴线空间的意象营造更多依赖空间高度、通道宽度等因素。 在疏散状况下，加强通道的引导性应综合考虑这些因素，而不是单纯用柱子区别各通道。

柱子场景中参与者通道选择描述统计与卡方检验结果

表 5.24

决策路口	通道选择	频数	百分比	卡方检验（检验值：对照组）	
				χ^2	P
F 形路口 左侧柱子	直行	21	75.00%	0.612	0.434
	左	7	25.00%		
F 形路口 右侧柱子	直行	23	65.71%	0.083	0.773
	右	12	34.29%		
T 形路口 左侧柱子	右	10	47.62%	3.535	0.171
	左	11	52.38%		
T 形路口 右侧柱子	右	6	30.00%	5.871	0.015
	左	14	70.00%		

4. 门对出口选择的影响

场景 2、3、4 中所有的参与者中，共 120 人在规定时间内成功触发场景退出。 在这几个场景中的出口位置真正的疏散出口（楼梯）旁设置了干扰项—— 一个没有任何标志的门（参见图 5.26）。 实验结果 9 名参与者打开此门触发场景退出，占比 7.5%，111 名参与者直接选择疏散楼梯退出场景，占比 92.5%。 9 名选择门的参与者中有 7 人是在到达楼梯口附近，或走上楼梯后折返选择打开此门。 在消防疏散中，时间意味着生存的机会，门的存在干扰了部分人员的判断，会对人员紧急情况下的寻路产生误导，增加疏散时间。

国际上部分机构或地区已经考虑将紧急情况下"禁止通行"或"禁止使用"的标志与常规的疏散安全出口或指示标志共同使用，伦敦地铁站于 2014 年通过了"EDNE（Emergency Do Not Enter）"标准（LUL-S1087），在地下和地面交通系统中现有的疏散标志基础上增加紧急情况下禁止进入的标志（图 5.30）。 在我国的消防安全政策中也应考虑对此类标志进行统一规范，以避免紧急情况下人员进入危险、死角等区域，或使用电梯进行疏散。

图 5.30　LUL-S1087 紧急情况下禁止进入标志

Underground
Commercial
Buildings

6

地下商业建筑
人员消防疏散可计算模型

我们已经回顾了现有的疏散仿真模型，在目前的市场应用领域，绝大部分模型不能单独考虑每个个体的行为决策，而目前研究中实现的可计算模型大多仅实现了现有行为研究中的一部分子集。 地下商业建筑人员消防疏散行为模型应用于实际消防安全，需要建立一套考虑人员各方面行为的综合方案，然而目前人类火灾行为的复杂性、随机性和可变性对设计这种方案带来了挑战。

经过多年对人类火灾行为研究，学术界已经抛弃了火灾中人员会出现大规模恐慌的理论，没有证据表明大部分人会在火灾疏散时变得不理智或者表现得残酷无情。 人在火灾中的行为是以自身、社会和环境的特征进行理性驱动。 现有立足于对火灾疏散行为进行完善阐释的一些理论，例如 BDI 模型[89]、风险感知模型[195]、PADM 模型[40]等，存在的主要问题是它们仅从逻辑上实现了对人类在火灾中的决策和行动过程的阐释，而这一过程中需要涉及的具体因子和计算方法却未能限定，因此尚无法将其直接作为对人员疏散评估的工具。 本研究并不试图创建一个新的理论，而是根据以往研究和本研究中发现的人员在疏散过程中的行为和提取的关键影响因素，通过合适的抽象方法，来确定一个能够较为系统反映该领域当前主流认知和理论的仿真模型框架，并实现这个模型框架的可计算过程，为设计用于真正评估地下商业建筑人员疏散的综合计算机模型或软件工具奠定基础。

6.1 多层次分析地下商业建筑人员消防疏散行为模型抽象方法

通过本书前几章对人类火灾疏散行为的全面文献回顾、对地下商业建筑人员火灾疏散行为的实地调研、问卷调查和严肃游戏实验发现，我们现在能够较为系统地分析人员在地下商业建筑中火灾发生后各个阶段的行为。

人员消防疏散行为是由疏散事件中每一个个体实例组合而成。 在疏散中表现出来的群体物理规律，实际上是由其中每个个体的行为模式相互作用下涌现，每个个体与群体之间既是隶属关系，同时个体的行为模式又受到群体特征的影响。 因此，为了解释疏散过程中的群体行为，如为什么在建筑某个位置会发生拥堵，整体疏散时间与哪些设计要素有关，需要对其中个体参与者的决策及其受到的影响因素进行调查和分析。 在地下商业建筑中，通过实地调研与问卷调查，我们确认了相当部分人员是以亲密社会关系结伴而行，这种小群体的行为模式与个体和人群整体都存在区别，小群体各成员行动趋向于一致，与人群整体相比，其内部成员之间的社会影响更加结构化而不是随机化。因此，研究从个体、小群体和人群三个层次对地下商业建筑人员疏散过程中的行为建模抽象方法进行分类（图 6.1）。在个体层面上，重点分析人员在疏散不同阶段做出的决策行为以及这些行为受到的与个人、社会和环境特征有关的影响因素；在小群体层面上，还包括团体内部成员间的关系特征、行为协调；在人群层面上，主要是结合人群自组织现象等物理规律，分析由不同行动模式的个体在特定环境中表现出的整体行为。

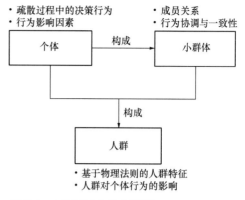

图 6.1 人员疏散行为的分析层次

6.1.1 个体疏散行为

个体行为是构成疏散事件中人员整体行为的基本单位，在紧急情况下观察到的各种群体现象和一些疏散行为都来源于个体与个体之间的相互作用。其中每个行动者都具有不同的个体特征和知识经验（如对商场的熟悉程度，对火灾紧急事故的知识与经验），在紧急情况下即使面对相同的环境特征，也可能导致完全不同的选择和行动，如本书第 5 章中各项实验的结果。为了理解这一过程并提出在当前该领域知识积累下对这一过程的适当抽象建模方法，首先结合文献结论和前文实证研究结果来分析这一过程。

人员在火灾事件中做出的任何行为决策都是来源于外部线索和自身心理的共同作用。人员从接受到外部信息到采取行动，可以分为认知决策过程和行动两个步骤。认知过程在各种主流的疏散模型理论框架中通常被分为直觉、经验和有限理性决策 3 个层次[91]，个体可能根据 3 种决策层次中任意一种或者相互组合形成决策结果，行动则代表了其最终选择的决策行为并付诸行动的结果。

1. 认知决策过程

（1）直觉：直觉代表了人类对特定情景下的固有反应或天生反应，例如面对灾害时的恐惧。直觉的决策过程和结果执行通常不需要显意识层面的推理活动。Wills 认为[196]，人类大部分行动都可以用直觉来解释，并且当个体需要在高心理压力状况下行动时，对于缺乏经验和知识的个体，直觉是其最优先的行动判断方式。根据 Quarantelli[197] 的说法，如果人面对极端危险的情况，他的行为更可能是基于直觉。其中不理智的行为通常是由直觉反应产生，例如羊群效应、推搡、跳窗等，这也是普遍对火灾中恐慌行为的解释。

（2）经验：火灾与紧急疏散经历可能会影响人员对风险的感知以及潜在风险的反应。火灾中紧急情况线索的性质和强度都有所不同[198]，具有不同火灾经验和知识的人员对这些线索的解释会产生歧义，因此相同线索对个体提示逃生或采取其他措施的强度也存在区别。例如在"9·11"事件的研究中，曾闻过喷气发动机燃料气味的人员很快意识到烟雾的气味来自飞机而不是其他常规火源，并通知了其他人，导致了这一区域人员更迅速地撤离[199]。虽然过去的相关经历和知识经验可以指导人员做出相应的反应，但是这不一定会导致更好的结果[91]。其中，被广泛观察到的是，部分人员在火灾疏散中会选择熟悉的建筑主出入口而忽略了更近的出口。另外，知识经验与当前状况的差异也可能导致不利后果，例如"9·11"事件中一部分幸存者将爆炸声与先前建筑物内外的一些意外爆炸（如建筑设备维护事故等）联系起来，未能采取立即撤离的行动[199]。根据经验的决策行动受到人员对过去经验的信心水平、人员感知到的线索和紧急情况的发展3个方面的影响。

（3）有限理性决策：有限理性决策理论被当前大多数主流的人员疏散模型框架所采用[91]。在一个理性决策系统中，人员将根据其当前所处的情况和对环境知识的评估做出正确的选择。绝大部分疏散仿真软件中疏散代理的行为都属于理性决策，例如个体会选择其最近的路径到达出口，或者目前使用较为广泛的成本效益模型，在该模型中人员会评估其到达某个疏散出口的成本，包括路径长度、路径过程中的人员密度等，选择最优路径以达到全局疏散的帕累托最优。但在真实的疏散事件中，个体不可能具有完善的信息，也无法掌握信息与决策的详尽规律。因此，有限理性决策通常假设人员对当前线索具有不同的认知水平，并且根据其所处的位置仅掌握有限的信息。这种差异导致了人员在疏散过程中基于理性决策而不是直觉或经验也会采取不同的行动。

紧急疏散情况下的认知决策与日常其他行动的决策至少有3个方面的差异：①风险更高；②不确定性更高；③决策时间有限[139]。这3个差异给人员心理上造成更高的压力，并且这种压力随着时间增加[200]。Sime[18]认为，当人员承受的压力越来越大时，其决策过程中的理性部分就会减少，非理性部分会增多。Welford[201]提出的决策倒U形假说和信号检测理论也支持了这个观点，他认为人类的决策能力随着压力的增加而逐渐增加，但当压力水平到达某个特定的点时，其后的决策能力将迅速下降。根据信号检测理论，压力水平随外部的信息增加而增加，决策能力与个体感知到的有用信息水平相关。因此，火灾事件中即使在相同的环境线索条件下，人群中的个体行为也会存在差别。

总而言之，在地下商业建筑紧急疏散情况下，人对当前线索的认知决策过程存在差异，不同的人因个体的压力水平、环境认知、消防安全经验与知识等方面的差异会在直觉、经验和有限理性决策3个方面以不同的层次做出行动的决策，并且随着时间增加，个体感受到的压力水平也相应增加，个体的决策可能会从有限理性思维或遵循以往经验偏向于遵循本能而行。目前，对这一复杂过程的理解还停留在理论层面。

2. 个体的疏散行为与抽象方法

在火灾事故中个体采取的行动存在许多可能性，这些可能性是由 3 种层次的决策共同决定的。人类活动是最复杂的系统[87]，虽然对火灾中人员的认知决策系统理论迅速发展，但适应这些认知模型的建模和仿真方法并没有跟上，个体认知决策的推理过程仍然只停留在理论层面，尚难以通过计算的方法来实现。当前实现这些理论模型的建模方法通常有 3 种：①基于逻辑规则的模型；②基于统计的模型；③基于分析预测的模型。大部分支持行为模拟的疏散仿真模型都是基于逻辑规则的，基础假设是决策者的行动都是基于合理的理性决策结果。例如，当前被广泛应用的 SIMULEX 软件（图 6.2）假设所有的 Agent 采用最短路径进行寻路疏散[91]。此外，应用较多的规则是基于成本效益的，Agent 寻路通过判断到达潜在出口所耗费的"成本"（通常采用人员拥堵情况对路径加权）来选择最佳出口。这种具有先验全局知识的 Agent 行为，显然并不符合人类认知决策的本质。现有的基于统计的模型通常因实验数据缺乏仅探讨了人员疏散行为中的少数几个方面。

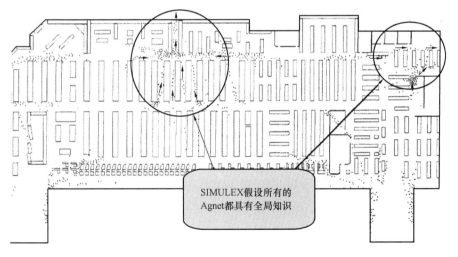

图 6.2　SIMULEX 仿真软件运行截图 [91]

在本书的前面章节中，较为系统地研究了地下商业建筑中人员在消防疏散中的各种行为，尽管这些数据不可能是全面的，但结合已有的知识，这些数据在一定程度上能够支撑我们基于统计学的方法来对人员的潜在行为进行预测。

通过对现有地下商业建筑中人员疏散行为相关理论、知识和实验数据，我们提出了一个基于疏散策略预设和功能可供性（Affordance based）理论的疏散模型。 该模型的前提是在人类行为认知领域的两个关键假设：①人类在形成计划后的目标行动和导向都是以这种计划预期为基础[202]；②人员的行动选择基于对外部线索的感知[203, 204]。 前者是指每一个人的行为都有目的和意图来进行预期的控制，其间采取的每一个行动都可以解释为实现最终计划的一个中间行动。 上一章研究了地下商业建筑中不同个体在疏散过程中选择的疏散策略，疏散策略可以理解为人员逃离建筑物的计划，决定跟随疏散标志的人员将在每个路口寻找疏散标志并沿着其指引的方向行动，选择熟悉出口的人员将在路口回忆其想到达出口的方向并进行行动。 后者假定个体根据其从环境中获取的感知信息做出决定并采取行动，Gibson[203]认为，外部线索对一个特定的个体具有可感知性和有效性两个属性，相同线索对不同个体在这两方面的属性都存在差异，人类根据外部线索的可感知性和有效性的交集来做出决定并采取行动。

现有理论框架中人员个体在消防疏散过程中的行为决策过程如图6.3所示，在人员的疏散周期内总是以这样的决策过程不断循环并采取相应的行为。 如图6.4，在本研究的

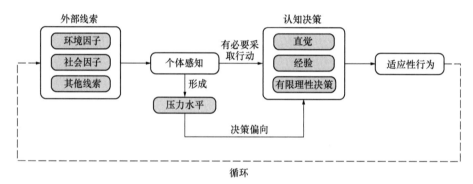

图6.3　人员疏散行为的决策过程

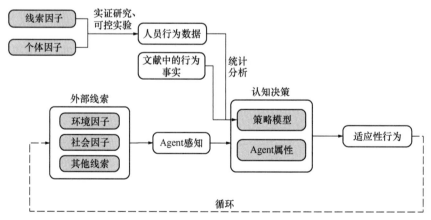

图6.4　模型中智能体疏散行为的决策过程

　　　　　　　　　　　　　　　　　　　　地下商业建筑人员消防疏散行为与建模

模型中，采用先验的策略模型替代了人类真实的对特定线索的推理和决策过程，通过对前文研究中各项疏散行为的外部和个体影响因子进行统计分析，得到特定属性个体在特定外部影响因子情况下可能采取的行为（按概率分配），然后将这些行为应用到模型中的疏散智能体中，以此来体现人员个体在紧急疏散中的自然决策方式。

6.1.2　小群体疏散行为

地下商业建筑中人员小群体通常是以家庭或亲密朋友为成员构成，成员数量以 2~4 人为主，这种特征与影剧院、体育场等建筑内部的人员组成存在一定区别。 小群体通常倾向于一致行动，并且小群体内部个体间的互动行为与陌生个体间的互动行为存在差异。 因此，小群体的特点有必要在模型中进行体现。 由于本研究的实验数据主要是环境与个体之间的行为，以下分析主要来自相关文献。

（1）关系类型：根据 Simmel[205] 对社会群体的开创性研究，人与人之间存在几种不同类型的关系，例如利益、友谊、恋爱、熟人或婚姻等关系。 不同类型的社会关系成员之间相互了解的程度不同。 实证研究表明，持久的社会关系可以促进威胁的识别和提早撤离的过程，小组成员间能够更快达到一致协调性并确定情况[206]。 此外，具有更丰富知识和经验的团体可能在其成员之间面临更多的风险感知和决策冲突，成员之间需要更多的互动才能达成集体行动的共识，从而可能延长风险感知和疏散决策的过程。 在疏散过程中，通常会观察到小群体成员间的相互帮助，群体内部成员的利他行为不仅是对他人关心帮助的结果，也是最大限度提高自身个人利益的结果。

（2）领导者：小群体内部的领导对小群体整体的线索感知和决策过程有关键影响。 具有清晰领导者的团队，在疏散事件中决策时间短，因为群体成员倾向于遵守群体规范并遵循领导者的指示；对于一个没有明确领导者的团队，决策时间可能延长[198]。 在消防疏散过程中，具有消防相关经验和知识的人更有可能成为领导者，因为其他人认为他对情况有更大的把握。 例如"9·11"事件的幸存者报告了一些非管理人员充当指引人员，并使用权威的语气对其他人发出明确的指示[199]。

小群体的规模、关系特征、成员特征和领导者都可能影响集体行为和决策结果，因此紧急情况下的小群体行为具有独特特征，不能简单以个体行为来表示。 从建模角度，与小群体相关的典型参数和逻辑包括：

（1）行为一致性：小群体各成员将在疏散过程中保持一致性的行为，如经过相同的预动作时间采取撤离措施。 小群体的行为在模拟中通常根据成员选择的一个领导者的行为确定。 目前没有证据表明小群体对寻路决策方面相对于个体决策有什么特别的影响，因此通常采用成员跟随小群体领导的方式进行仿真。

（2）领导者决策：小团体在疏散过程中的行为，如预动作时间和寻路，都是按照领导者智能体的参数和预先策略进行。

（3）个人空间：疏散模型通常用智能体之间的排斥力来代表个人空间，在具有小群体的疏散仿真过程中，如上文中的分析，人员与亲友之间保持的个人空间和与陌生人之间存在差异，因此仿真过程中小群体智能体内部的个体排斥力与全局排斥力应区别设置。

6.1.3　人群疏散行为

人群是在疏散过程中由个体和小群体构成的整体，人群表现出来的行为实际上是其中个体行为的耦合与涌现，当前的物理学模型通常能较好地反映人群疏散聚集时的各种表

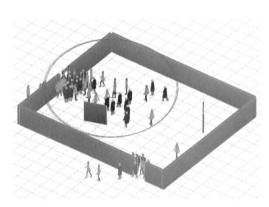

图 6.5　疏散事件中的羊群效应示意图

现，例如在本书第 2 章中介绍的各种人群自组织现象。但是人群也会对个体的行为产生影响，目前比较明确的是羊群效应。建筑师在设计房间时，通常认为紧急情况下人员会从房间的多个出口均匀离开，但在真实疏散过程中，经常观察到其中一个出口由于人员聚集而堵塞，而另一个出口未被充分利用，如图 6.5 所示。Cialdini等人[207]提出社会认同理论（Social Proof），认为羊群效应主要是由于不确定性引起的，当人员没有足够的信息去做某事时，倾向于跟随他人行动。因此，在消防疏散过程中，羊群效应更多的是一种直觉决策，可能是因为个体缺乏相关经验和知识，也可能是高度的心理压力引起。

在疏散仿真过程中，涉及人群模拟的典型参数和逻辑包括：

（1）物理约束：物理约束是指模拟人员与人员之间以及人员与环境之间的物理现象，当人群聚集时，其中的个体不可能再保持自由移动的状态，对于这种状态的模拟目前的一些行人流模型已经能够较好地实现，例如本书第 1 章中介绍的社会力模型采用自驱动力、人与人之间的力、人与环境障碍之间的力来模拟人群的运动。考虑人员在心理和社会层面的复杂性，基于力学模型的疏散仿真模型应考虑其中的疏散仿真体在 3 种力上的差异，而不是采用统一的全局设置。

（2）羊群效应：个体行为会受到周围群体行为的影响，是否具有羊群效应通常通过

两种方式模拟：①作为一个固定参数在模型初始化时进行赋值；②给疏散个体一个心理压力的动态参数，在模拟过程中该参数超过阈值时触发个体的羊群效应行为。

（3）情绪传递：根据相关理论，作为一个整体的人群具有整体情感[198]，其中的参与者能够公开或隐含地感知人群的情感，进而受到影响。在疏散事件中，类似于恐惧、悲观、激动等情绪会在人群中传播，个体会根据这种社会影响更新对事件的感知以及疏散行动决策的紧迫性。但目前对紧急情况下的社会影响研究较少，很难采用量化的方式准确表达这一过程。

（4）领导者：类似于小群体中的介绍，在非层次结构的人群中也可能会有部分人员作为领导者指挥其他人的行动，这一点已经得到证实。在具有引导人员的疏散模拟中，引导人员便扮演了领导者这一角色。

6.2 可计算模型框架——BUCBEvac

本节介绍基于用于地下商业建筑消防疏散模拟的可计算模型框架 BUCBEvac（Behavior based Underground Commercial Building Evacuation model）。BUCBEvac 是一个采用多智能体仿真技术的人员疏散模型，该模型基于现有在人类火灾行为领域的相关知识以及前述章节所进行的实证研究数据，遵循社会计算科学基本原理进行设计，能够用于对地下商业建筑的消防疏散安全表现、人员疏散行为、疏散时间等问题进行仿真，同时，模块化的设计具有较好的扩展性。前一节中已经简要介绍了该模型框架对人员行为模拟的主要抽象方法以及涉及的部分仿真属性，本节将介绍该模型的架构以及各个模块的计算模型或算法。

6.2.1 框架系统架构

BUCBEvac 的系统架构如图 6.6 所示。该系统主要由 6 个模块组成：对象初始化模块、建筑与行为数据库、模型数据库、行为模拟模块、行人流物理模拟引擎、数据分析与可视化模块。

（1）对象初始化模块：用于生成在仿真过程中的物理环境和人员智能体。建筑物理环境包含了地下商业建筑内部的各种空间信息的几何形状，如门、走道、房间、出口、障

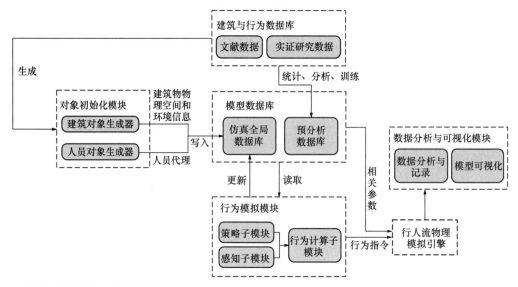

图 6.6　BUCBEvac 的系统架构

碍物等，同时也包含了各种与疏散行为有关的线索信息及其位置，如疏散标志、天窗。人员对象生成器根据调研中的人员背景因素（如性别、年龄、角色、学历等），人员物理因素（如体形、自由速度等），以及其他人员因素的分布特征为属性生成仿真中的虚拟智能体。

（2）建筑与行为数据库：是该模型框架的一个前置数据库，这个数据库主要包含了与地下商业建筑人员疏散行为相关的各种文献和实证研究数据。 这些数据可用于支持对象初始化模块中生成地下商业建筑的物理环境和虚拟人员，也可用于分析并得到模型仿真过程中的预分析数据库。

（3）模型数据库：包含了 2 个子数据库，其中仿真全局数据库用于储存和维护在仿真过程中与物理环境和虚拟智能体相关的所有信息与属性，并根据行为模拟器的结果动态更新该数据库中的动态数据或属性，如人员位置、心理压力水平等。 预分析数据库储存了与人员疏散策略和疏散行为相关的预处理数据，如根据人员个体特征属性预先训练的策略分配模型，不同环境线索对不同策略人员的影响权重等。

（4）行为模拟模块：为本模型的核心模块。 该模块在模型的每一个仿真时钟周期对每个虚拟智能体的当前行为指令进行更新。 在感知和策略子模块中主要对虚拟智能体的线索感知和寻路方式进行模拟，行为计算子模块将输出最终的行为指令。 对于特定的智能体而言，行为指令主要包括其当前的寻路目标、运动速度、转向、等待等，将在本节中进行介绍。 这些行为指令将输入给底层的行人流物理模拟引擎进行计算，并更新全局数据库。 最后，行为模拟模块能够在所有智能体退出建筑后控制模型结束模拟。

（5）行人流物理模拟引擎：是当前对行人流自组织现象模拟较好的模型或软件。 该模型框架采用目前较为成熟的行人流仿真模型作为底层的模拟引擎计算群体运动的自组织现象，因此本框架架构能够应用于支持 SDK 开发的商用疏散模拟软件，如 Anylogic、MassMotion 等软件。 在本研究采用 Grasshopper 平台的 PedSim 插件作为行人动力学库，该插件基于社会力模型。

（6）数据分析与可视化模块：对模型的仿真过程进行可视化，并对数据进行统计与分析，在本研究中基于 Rhino 平台的 OpenGL 几何可视化实现疏散过程的模拟，并采用 Grasshopper 和 Python 支持的数据集格式对模拟数据进行储存和分析。

这种设计模式提供了足够的模块化，能够支持现有的一些智能体仿真基础平台，可用于在不断对人类疏散行为进行研究的基础上更新各模块的功能，纳入新的行为模式或规则，对疏散行为与建筑设计进行更深入的研究。 利用该框架进行仿真的步骤如下：

```
1   ♯程序执行步骤
2   利用地下商业空间数据创建虚拟环境
3   通过地下商业建筑人员数据实例化虚拟 Agents
4   触发疏散事件
5   Loop：直到所有虚拟智能体疏散完成
6     For each 虚拟智能体：
7       更新当前事件感知
8       进行行为决策
9       输出给行人流模拟引擎执行决策
10    End For
11    以当前事件和数据更新全局数据库
12    将需要分析的数据记录在数据分析与记录模块
13    将当前状态进行可视化输出
14    If 所有智能体疏散完成：
15      End Loop
16    Else：
17      Continue
18  结束仿真
```

6.2.2 虚拟环境

在 BUCBEvac 中采用二维的几何对象来表达地下商业建筑物理环境和与疏散行为有关的环境线索。 建筑物的室内布局特征是用二维的几何对象来表示，另外在虚拟环境中存在一个由决策点和出口组成的网络图用于表达人员在虚拟环境中寻路的逻辑对象，网络图中的节点和边对象具有一系列可设置属性，用于表示疏散路径和空间节点中的环境信息。Agent 与环境有关的事件感知和疏散行为决策主要是通过这个网络图来完成。

建筑物内的所有障碍类环境通过二维的几何图形表示，通过闭合的多段线表明室内的障碍物如墙体、构筑物或家具在水平面上的投影，如图 6.7 所示。在 BUCBEvac 最终实现的仿真工具中，障碍类的信息用于：①建立整个环境的导航图；②实时计算附近疏散 Agent 与障碍物的距离及排斥力矢量。根据不同的预定义疏散策略，部分 Agent 在虚拟环境中不具备全局的导航路线认知知识，这些 Agent 需要在虚拟环境中的每个面临多条路径选择的路口进行决策，整个决策系统包括 Agent 对环境的感知系统都是采用一个网络图进行实时计算，不同 Agent 的决策行为将在下一节进行阐述。网络图的定义方式和可视化，如图中由路径（蓝色线段）和决策点及出口点构成的节点图：边（edge）代表了疏散路径，其中储存了该段路径的长度信息和环境属性信息；节点（node）代表了路口决策点和出口，其中储存了该点所在的空间信息和出口的信息。图 6.7 表示了这些对象实例化中的主要属性。

根据前文的研究，在当前的 BUCBEvac 中实现了 4 种类型的边对象，2 种类型的决策点对象，2 种类型的出口对象。

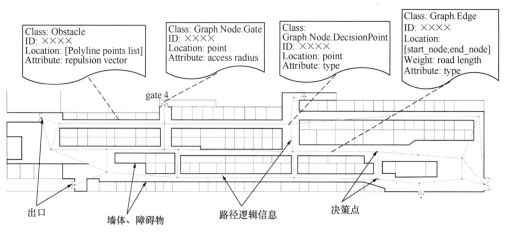

图 6.7　BUCBEvac 环境示意与对象实例化信息

（1）路径。在网络图中，用边代表各条疏散路径。Agent 在某个决策点决定下一个行动路径时根据边所连接的另一个节点为自己指定方向。边中储存了与疏散路径相关的信息，主要包括：该段疏散路径的长度，用属性权重（weight）表示，用于计算 Agent 到达某个 node 的距离和最短路径等方法；该段路径的类型，根据前文的研究，具有不同空间属性的路径对人员疏散寻路具有不同的影响，用属性类型（type）表示。目前实现了 4

种不同类型的路径，分别为：普通路径（normal）、较宽路径（wider）、更明亮路径（brighter）和有天窗路径（sunroof）。 Agent 在具有多个路径可选的某个节点中，不同路径的类型对 Agent 的寻路行为具有不同影响，同时路径和当前节点的几何关系也构成Agent直线、左转、右转或往回走的4种位置相对关系，这种动态属性在仿真过程中实时计算。

（2）决策点。 决策点是 Agent 在寻路过程中面临路径选择的节点。 决策点的类型代表了当前所在区域的空间环境信息，目前实现了2种决策点类型：普通决策点（normal）和中庭区域（atrium）。 在 Agent 的寻路决策中，节点类型和边类型将共同决定某条路径对 Agent 寻路的权重。

（3）出口。 出口用节点表示，位于网络图的端点位置。 出口是一个逻辑对象，并非物理层面的门，门实际上也是由几何障碍表示。 出口节点具有一个到达半径的固定属性，Agent 到达出口节点的半径区域内时，将其从当前的虚拟仿真环境中移除，代表该Agent疏散完成。 出口具有两种类型，主要出口（maingate）和一般出口（gate），这两种类型针对 Agent 疏散策略中的选择熟悉出口类型进行定义，这部分类型的 Agent 在疏散过程中以其熟悉的出口（即主要出口之一）为目标，因此不会从以紧急疏散为目的而设置的其他出口中退出。

6.2.3　Agent

每个疏散个体在模型中都被表示为具有一组静态和动态属性的自治 Agent。 Agent 的静态属性主要是指 Agent 在初始实例化时生成的描述其个人的身体物理特征、社会特征的相关属性。 Agent 的疏散策略与上述两种特征相关，也在实例化时生成，因此也属于静态属性。 动态属性主要是指其在疏散过程中的位置、运动信息、状态以及与虚拟环境的交互信息等属性。 Agent 疏散过程中的寻路决策与静态属性和动态属性都相关，本节首先介绍模型中描述 Agent 的基本静态属性，然后介绍不同寻路策略 Agent 的决策模型。

1. Agent 初始化属性

人类个体年龄、身体尺寸、活动能力和心理特征等方面有差异，这些差异导致了人在火灾疏散过程中的行为多样化。 BUCBEvac 中以圆形代表疏散 Agent，如图 6.8 所示，根据前文对地下商业建筑中人员个体特征与疏散行为的研究选择了相关属性。 这些属性均参与仿真过程中 Agent 的运动状态和寻路策略的计算。 表 6.1 为

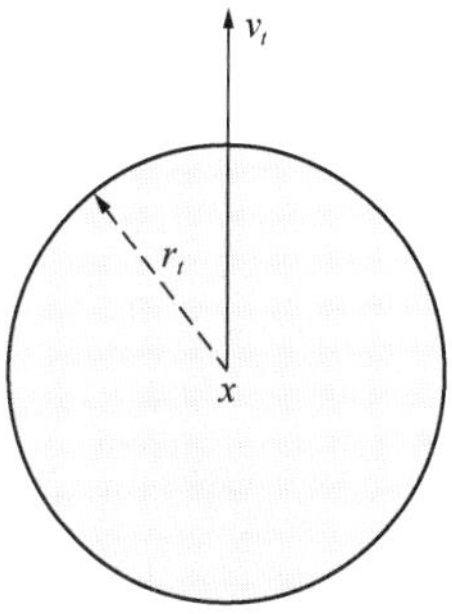

v_i：Agent自驱力矢量
r_i：Agent肩宽半径

图 6.8　BUCBEvac 中的 Agent 示意

这些属性的描述和取值范围及生成方式。

Agent 实例化时的基本属性   表 6.1

Agent 属性		描述	取值和生成方式
类别	属性		
物理特征	身体尺寸（Br）	表示 Agent 物理轮廓的大小，与 A-gent 的性别和年龄属性有关	浮点型，分布随机
	运动速度（Sp）	Agent 在自由运动时的期望速度，与 Agent 的性别和年龄属性有关	浮点型，分布随机
	性别（Ge）	Agent 代表的人员性别	布尔型，比例随机
	年龄（Ag）	Agent 代表的人员年龄类型，按前文中的分类方式	整型，比例随机
社会心理特征（BUCBEvac 中主要用于判别 Agent 的寻路策略）	角色（Ch）	Agent 代表的人员在地下商业建筑中的角色，分为商家和顾客两种类型	布尔型，比例随机
	学历（Ed）	Agent 代表的人员学历，按前文中的分类方式	整型，比例随机
	职业/专业背景（Oc）	分为建筑类和非建筑类两种类型	布尔型，比例随机
	火灾经历（Fe）	Agent 代表的人员是否经历过火灾	布尔型，比例随机
	消防安全培训经历（Te）	Agent 代表的人员是否有消防安全培训经历	布尔型，比例随机
	疏散演习经历（Ee）	Agent 代表的人员是否有疏散演习经历	布尔型，比例随机
	方向感（Dr）	Agent 代表的人员的方向感	整型，比例随机
小群体特征	成员类型（Gt）	Agent 是否属于某个小群体中的领导者、成员或没有群体隶属	整型（组 ID）和 0，参数输入控制
	领导力（Ls）	小群体中具有最高领导力的 Agent 将被指派为群体领导，与性别和年龄相关	浮点型，模型生成
疏散相关特征	预动作时间（Pre）	Agent 疏散预动作时间，由一个韦布尔分布随机取值	浮点型，分布随机
	熟悉出口（Fe）	Agent 熟悉的出口，已有出口随机指定	节点类，随机
	疏散策略（Sta）	Agent 在疏散过程中遵循的寻路策略，BUCBEvac 提供了 2 种生成方式：一种是根据前文研究数据的模型生成，与其他属性有关；另一种由用户参数控制生成	整型，预测模型或用户参数控制

地下商业建筑人员消防疏散行为与建模

1）物理特征

Agent 的物理特征包括了身体尺寸、运动速度、性别和年龄层次，性别和年龄层次属性根据第 3 章调研数据得到的权重比例生成，其中男性与女性的比例为 0.376：0.624，年龄分为儿童、青年、中年、老年四种类型，比例为 0.12：0.594：0.2：0.086。Agent 的身体尺寸、运动速度属性主要来自相关文献，这两种属性均与其已生成的性别和年龄属性相关。人员身体尺寸数据结合了我国《中国成年人人体尺寸》标准中的数据[208] 和 SIMULEX 软件中的相关数据[209]。人员速度取值主要参考 SIMULEX 软件中的相关数据。取值范围与生成方式见表 6.2。

Agent 身体尺寸与取值范围
表 6.2

人员类型	速度（m/s）	生成方式	身体尺寸（肩宽，m）	生成方式
成年男性	1.35±0.2	截断正态分布随机	0.43±0.5	区间随机
成年女性	1.15±0.2	截断正态分布随机	0.40±0.5	区间随机
儿童	0.9±0.1	截断正态分布随机	0.35±0.3	区间随机
中老年	0.8±0.1	截断正态分布随机	0.415±0.3	区间随机

2）社会心理特征

社会心理特征包括人员的角色、学历、职业/专业背景、火灾经历、消防安全培训经历和疏散演习经历，这些属性均是在第 3 章中筛选出来，并在第 4 和第 5 章中疏散行为实证研究的与人员社会和心理特征相关的工程变量因子。这些属性的主要作用是在初始化 Agent 个体时用于预测 Agent 的疏散策略（预测方法和模型将在后文介绍）。属性各类别概率权重（比例）根据第 3 章的调研得到，见表 6.3。

3）小群体特征

Agent 与小群体相关的属性包括了其隶属的群体 ID（如为单独个体，该 ID 为 0）和领导力。具有同一 ID 的 Agent 即组成一个小群体，在 BUCBEvac 最终实现的仿真工具中小群体的规模为随机 2~4 人。小群体内部领导力较高的 Agent 被指派为该群体的领导，领导力并非随机生成，而是通过一个与 Agent 性别、年龄和消防相关知识经验有关的函数生成。目前尚缺乏人员疏散行为社会影响方面的相关研究与数据，从常识来看，年龄更大、男性、有更高学历、具备更好的火灾知识和方向感的人员成为疏散中小群体领导的可能性更高。对于 Agent（a_i），其领导力值由式 6.1 生成。

表 6.3

社会心理特征相关属性类别与比例

属性	类别	比例
角色	顾客、商家	0.278：0.722
职业/专业背景	建筑类、非建筑类	0.1：0.9
火灾经历	有、无	0.235：0.675
消防安全培训经历	有、无	0.92：0.08
疏散演习经历	有、无	0.314：0.659
方向感	很弱、较弱、一般、较强、很强	0.053：0.153：0.465：0.265：0.064

$$a_i^{Ls} = \sum_j^n a_i^j \cdot w_j , j = Ge , Ag , Ls , Te , Ee , Dr \qquad (6.1)$$

在 BUCBEvac 最终实现的仿真工具中，各项属性均采用其本身的整形值，布尔值转换为 0 和 1，各项权重均为 1。

4）预动作时间

Agent 的预动作时间是在一个截断韦布尔分布（最小值与最大值限定）数据中随机取得。 根据对本书 5.2 节中人员预动作时间的分布拟合，预动作时间的韦布尔分布数据由概率密度公式（式 6.2）生成，对于小群体中的成员，其预动作时间被指定为该组领导者的预动作时间。 由于缺乏相关的研究，BUCBEvac 尚未实现社会因素对人员预动作时间的影响，即在本模型中各个 Agent 在火灾报警后的响应延迟是独立的，并不会存在邻近的 Agent 互相影响。 因此在最终仿真工具中提供了预动作时间的开关选项。

$$F(x) = (ac[1 - \exp(-x^c)]^{a-1} \cdot \exp(-x^c)x^{c-1} - loc)/scale \qquad (6.2)$$

式中，a、c 为韦布尔概率密度分布函数的两个参数，loc 为平移系数，$scale$ 为缩放系数。 根据对本书 7.3 节中的人员预动作时间分布拟合，仿真中的取值为 $a = 116.399$，$c = 0.366$，$loc = -1.118$，$scale = 0.241$。

本书 5.2 节实验中人员预动作时间原始数据分布与该模型生成的预动作时间分布对比如图 6.9 所示，表明该模型能够较好地符合实验中人员的预动作时间分布。

2. Agent 生命周期

BUCBEvac 与其他疏散模型最大的区别在于，Agent 在初始化时没有预设一条到达某个最终目的地的路径，Agent 的寻路过程是在决策点进行的。 决策点所在的图的节点和边储存了当前位置的环境信息，Agent 的疏散策略则代表了其对环境认知具备的知识。

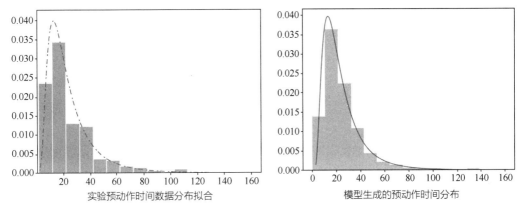

図 6.9　人员预动作时间原始数据分布拟合与模型生成的预动作时间分布对比

预设策略这一方法是通过对现有知识和实证实验数据进行归纳总结得到的，体现了不同人员在疏散时空间认知上的差别。这种抽象方式与文献记载和实验室中观测的结果相吻合，是一种合理的抽象方式。

　　图 6.10 为 Agent 从初始化到退出整个模拟的生命周期，可以看出 Agent 的寻路决策是在每一个节点做出的，而不是在初始化时就规划好的。Agent 一开始并不具备全局环境的相关知识，它需要在到达每一个决策点（网络图中的 Node）时对各条可用路径进行评估，选择一条符合其疏散策略的路径并到达下一个决策点或出口，再对当前可用路径进

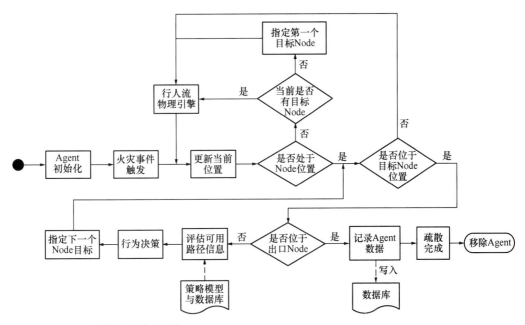

图 6.10　Agent 在模拟中的生命周期

行评估。 这种战术级别的决策模型符合对疏散行为研究的已有认知，即人员在疏散中的决策推理是有限理性的并且存在不确定性，基于图模型中的概率选择可以模拟人员行为决策中的随机性。

3. Agent 疏散策略决策模型

BUCBEvac 中 Agent 的疏散策略被抽象成了 4 种类型：选择最短路径、跟随疏散标志、选择熟悉出口和根据环境特征寻路。 本书 5.2 节中已经证明了人员在不熟悉的地下商业环境疏散过程中具有不同的寻路偏好。 通过调研也发现，地下商业建筑中从布局复杂性和人员流动性两方面导致不熟悉建筑或者首次访问建筑的人员并非少数，因此忽略这部分人员来评估建筑疏散性能表现必然会导致偏差。 火灾事故分析已经证实相当部分人员会在火灾中选择熟悉的出口，通常是建筑的主出入口，撤离建筑。 而对于地下商业建筑中占据相当一部分比例的人员，即商家，他们十分熟悉建筑中的空间布局，同时会定期参加消防演习，完善的认知地图和消防知识储备会让他们在火灾发生后选择最近的出入口进行疏散。

从这些调研和疏散行为实证研究来看，这种抽象方式能够反映大多数人员在紧急疏散时选择撤离建筑的方式。 尽管火灾仍然存在一些较为特殊的行为，如返回火场、归巢行为等，但目前积累的相关知识还难以支持对所有行为进行细致的量化和仿真表达。 从辅助地下商业建筑消防疏散设计的角度来看，人员疏散评估更需要的是对人员撤离建筑物的时间进行相对准确的评估。 现有知识已表明人员疏散的过程并不是每个人都以最短路径或最有效的方式撤离建筑物的过程，而目前大多数的人员疏散评估软件包括在市场中实际应用的，都将人员疏散时间的仿真或求解当成了一个求解帕累托最优（例如最短路径疏散和成本效益模型）的过程。 BUCBEvac 中的人员决策模型以图论为基础，通过对已有知识和实证研究数据的整合，从微观上反映人员在疏散过程中的空间认知和决策行为，以更符合真实情况下的人类疏散表现，因此相对于求解最优时间，能够更为准确地反映在特定环境特征下地下商业建筑火灾疏散的时间。

1）行为决策网络图

BUCBEvac 中的行为决策模型基于网络图（图 6.11），该网络图扮演了 Agent 的"大脑"，基于当前环境中的相关变量和 Agent 预设的决策模型在不同的路口做出不同的寻路选择。 通过地下商业建筑的路径、路口和出口建立无向网络图 $G = \{V, E\}$，所有的节点储存在集合 $V\{v_1, v_2, v_3, v_4 \cdots v_n \in V\}$ 中，所有的边储存在集合 $E\{e_1, e_2, e_3, e_4, \cdots e_n \in E\}$ 中。 另外集合 V 包含两个子集 $V_g\{v_{g1}, v_{g2}, v_{g3} \cdots v_{gn}\} \in V$ 和 $V_d\{v_{d1}, v_{d2}, v_{d3} \cdots v_{dn}\} \in V$ 分别储存所有的门节点和决策点节点。 对于节点 v_i，有属性列表 v_i^{att} 代表了该节点所处

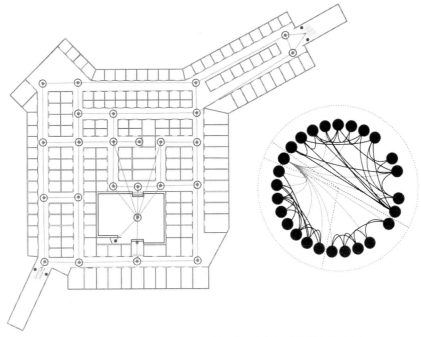

图 6.11　基于地下商业建筑平面建立的行为决策网络图（右为网络图的拓扑示意）

空间的属性，对于边 e_i，有权重 e_i^{weight} 代表了边费用（当前路径的长度），有属性列表 e_i^{att} 代表了当前路径上的环境特征。

2）最短路径和跟随疏散标志策略模型

对于一个良好设计的建筑环境，疏散标志系统总是能够将人员从某个位置引导至最近的疏散出口，因此最短路径策略和跟随疏散标志策略在路径选择上应该是一致的，不同之处在于 Agent 在路口的决策时间。 对于有完善认知地图的人员，例如地下商业建筑内的商家，由于其对当前环境非常熟悉，因此在决策路口无须思考即能判断正确的方向。 观察疏散标志进行疏散的人员需要一定的识别时间，因此对于该类型的 Agent 在决策点选择下一条路径前设定一定的延迟以模拟决策时间。 两种类型的决策模型可表达为：

$$D_{a_i \to Des} := \min\{v_g \in V_g \mid Dijkstra_{v_i \to v_g} \pm d_{a_i v_i}\} \tag{6.3}$$

式中，$D_{a_i \to Des}$ 表示 Agent a_i 到最终目的地 Des 的距离，$Dijkstra_{v_i \to v_g}$ 表示从 a_1 所在边的某一邻近节点 v_1（另一邻近节点为 v_j）到某一出口的最短路径，$d_{a_i v_i}$ 为距离修正值，即 Agent 与邻近节点的距离。 该算法将遍历出口节点集合 V_g 中的节点，通过 Dijkstra 算法计算 v_i 到某出口的最短距离，并返回通过的节点列表，如果节点列表包含 v_j，则减去修正值，反之则加上修正值。将其中的最短距离赋值给 $D_{a_i \to Des}$，并输出 Agent 需要经过的有序节点列表。Agent 将依次访问这些节点到达出口。属于该类型的 Agent 的寻路算法步骤如下：

```
1   ♯ 程序执行步骤
2   For each 未到达出口的最短路径和跟随标志 Agent：
3       判断 Agent 访问列表属性 Agent. visit 是否为空
4       if 为空：
5           根据 Agent 位置计算当前所处边 e
6           得到邻近的两个节点 i 和 j 并计算 Agent 到节点 i 的距离 di
7           创建距离变量 ds,赋值为无穷大
8           For each 出口 des：
9               用 Dijkstra 算法计算节点 i 到出口的距离 d,得到需要访问节点的列表 L
10              if (j in L &(d−di)<ds)or(j not in L & (d+di)<ds)：
11                  Agent. visit＝L
12              else：
13                  pass
14          Agent 当前访问目标 Agent. current_target＝Agent. visit[0]
15          Agent. visit 删除第一个元素
16      else：
17          判断 Agent 是否到达 Agent. current_target
18          if True：
19              Agent. current_des＝Agent. visit[0]
20              Agent. visit 删除第一个元素
21          else：
22              pass
```

3）返回熟悉出口策略模型

前文已证实，地下商业建筑中部分人员在选择疏散出口时会返回其熟悉的出口，这种出口一般是建筑的主要出入口而非应急出入口。由于记忆存在偏差，人员在寻路过程中不一定总是选择最短的路径到达某个其熟悉的出入口。本书 5.2 节的实验也证实选择熟悉出口的人员在疏散路径的效率上低于跟随标志和环境（自然采光）寻路，部分人员在寻路过程中出现了折返、绕路等现象。因此，采用概率模型来描述 Agent 在特定路口选择某条路径的概率，Agent 到某个决策点时，将评估当前可选路径是否为到达熟悉出口的正确路径（最短路径），同时如果上一条路径不是正确路径的情况下 Agent 将避免返回到上一个节点。由此赋予当前节点的邻近节点不同的概率值，Agent 将根据这些概率权重

选择其下一个节点。该模型可表达为:

$$
w_{v_j} = \begin{cases} \alpha, & v_j = N(Dijkstra_{v_i \to v_{\text{familiar}}})[0] \\ 0, & v_j = v_{\text{previous}} \ \& \ v_j \neq N(Dijkstra_{v_i \to v_{\text{familiar}}})[0] \\ \dfrac{1-\alpha}{n}, & otherwise \end{cases} \tag{6.4}
$$

式中,w_{v_j} 为 Agent 选择邻近节点 v_j 的概率权重,α 为 Agent 在路口选择正确路径的概率。一般来说,人员由于对环境熟悉程度不同寻路的正确率也不同,但正确率与人员个体的具体关系尚无更明确的研究,最终模型中对于该类型的 Agent 是一个 $0.6 \sim 0.9$ 范围的随机取值。$N(Dijkstra_{v_i \to v_{\text{familiar}}})[0]$ 为 Agent 当前节点 v_i 到 Agent 熟悉出口的最短路径节点列表中的第一个节点,也就是下一个正确节点。v_{previous} 为 Agent 上一个访问节点。n 为上述两种节点外其他节点数量。式 6.4 不包含节点中有出口的情况,如果某个节点是建筑的主要出入口,Agent 将直接到达出口不再考虑其他节点。在创建图的时候,需要考虑出口和节点的视觉关系,能够直接感知到出口的决策点需要创建一条边直接与出口相连。属于该类型的 Agent 的寻路算法步骤如下:

```
1   ♯程序执行步骤
2   For each 未到达出口的返回熟悉出口策略 Agent:
3       判断 Agent 属性当前访问目标 Agent. current_target 是否为空
4       if 为空:
5           根据 Agent 位置计算当前所处边 e
6           得到邻近的两个节点 i 和 j
7           用 Dijkstra 算法计算节点 i 和节点 j 到当前 Agent 熟悉出口的距离 di 和 dj,得到需要访问节点的列表 Li 和 Lj
8           if di<dj:
9               Agent. current_target=Li[0]
10          else:
11              Agent. current_target=Lj[0]
12      else:
13          判断 Agent 是否到达 Agent. current_target
14          if True:
15              用 Dijkstra 算法计算当前节点 i 到达熟悉出口的下一个正确节点 j
16              指定节点 j 的权重为 $\alpha$
17              计算其他邻近节点的权重
18              根据邻近节点权重,随机指定 Agent 的下一个目标 t
19              Agent. current_target=t
20          else:
21              pass
```

4）环境寻路策略模型

人员根据对环境的空间认知寻路在本书第 5 章的实验中已证实，包括路径宽度、中庭、路径照度、天窗在内的若干环境因子都会影响人员的寻路行为，同时路径本身的相对角度，即直行和转向方向也对人员的疏散行为有影响。对建模而言，Agent 还面临记忆因素的影响。BUCBEvac 中环境寻路策略模型综合了上述 3 种影响，Agent 路径选择权重由 3 种因素的混合权重构成：

$$w_{v_j} = (\zeta_j \cdot w_{v_j}^{\mathrm{ENV}} + \eta_j \cdot w_{v_j}^{\mathrm{DIR}} \cdot \kappa_j) \cdot w_{v_j}^{\mathrm{MEM}} \tag{6.5}$$

$$w_{v_j}^{\mathrm{ENV}} = \sum_{i=1}^{|v_j^{\mathrm{ATT}}|} w_i + \sum_{i=1}^{|e_j^{\mathrm{ATT}}|} w_i \tag{6.6}$$

式中，$w_{v_j}^{\mathrm{ENV}}$ 是指 Agent 所在节点 v_i 到邻近节点 v_j 的环境因素权重，该权重由 v_j 节点所在的环境因子和连接 v_i 到 v_j 边 e_j 上的环境因子决定。$w_{v_j}^{\mathrm{DIR}}$ 是指 Agent 所在节点 v_i 到邻近节点 v_j 的方向权重。e_j 的方向判断如图 6.12 所示，根据 v_i 到 v_j 的向量相对于 Agent 前一个节点 v_p 到 v_i 向量的逆时针旋转角度得到路径 e_j 的方向：当 $\theta \in \left[\frac{3\pi}{4}, \frac{5\pi}{4}\right)$，判断为直径路径；当 $\theta \in \left[\frac{\pi}{4}, \frac{3\pi}{4}\right)$，判断为右转路径；当 $\theta \in \left[\frac{5\pi}{4}, \frac{7\pi}{4}\right)$，判断为左转路径；当 $\theta \in \left[\frac{7\pi}{4}, \frac{2\pi}{4}\right) \cup \left[0, \frac{\pi}{4}\right)$，判断为往回路径。

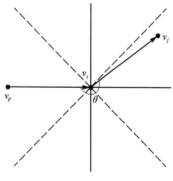

图 6.12　路径方向的判断

$w_{v_j}^{\mathrm{MEM}}$ 表示该节点是否已被 Agent 访问（记忆因素），如果 v_j 在 Agent 的记忆列表中，那么 Agent 将不会再访问该节点，因此 $w_{v_j}^{\mathrm{MEM}}$ 的取值为 0 或 1。在特定情况下，Agent 可能面临所有邻近节点都已经访问过的情况，参考 A* 算法中的路径搜寻算法，Agent 的属性中动态维护了一个栈队列，用于储存那些最近访问的还具有其他可选路径的节点，因此在遇到所有邻近节点都是已访问节点的情况下，Agent 将使用栈队列元素依次搜寻下一个访问节点。

根据本书 5.4 和 5.5 节的实验研究结果，可以认为疏散路径中环境特征（建筑要素或视觉特征）对人员寻路的影响与疏散路径的方向对人员寻路的影响是相互独立的，并且环境特征的影响具有高优先级。因此参数 ζ 和 η 都是取值为 0 或 1 的二元参数，如果节点 v_j 或边 e_j 包含环境要素，那么 $\zeta_j = 1, \eta_j = 0$，反之亦然。BUCBEvac 目前实现了 4 种环境因子对寻路的影响，表 6.4 为这些环境因子和路径方向在人员寻路选择上的权重比值，这些数据通过统计本书第 5 章实验中人员在不同环境路口路径选择的比值得到。环境寻路

策略模型中的参数 κ 决定了基于方向选择的路径在整体权重中所占的比重。κ_j 通过统计当前不包含环境因子路径的各自方向影响权重计算得到。

各环境影响因子和路径方向对人员寻路影响的权重　　　　　表6.4

环境因子	寻路影响权重	路径方向	寻路影响权重
采光中庭	9	直行	18
高照度路径	6.2	右转	6.8
更宽路径	3.5	左转	4
天窗路径	1.3	返回	1

$$\kappa_j = \frac{w_{v_j}^{\mathrm{DIR}}}{\sum_{k=1}^{n} \eta_k \cdot w_{v_k}^{\mathrm{DIR}} \cdot w_{v_k}^{\mathrm{MEM}}}, \ v_k \in V_{adjacent} \tag{6.7}$$

例如，对于图 6.13，Agent a_i 处于节点 v_i 位置，其邻近有 4 个节点，分别为 v_k、v_l、v_m、v_p 以及相应的边，其中 v_p 是 a_i 的上一个节点，边 e_k 具有较宽路径的环境因子，因此根据上述模型，v_p 由于已经被 Agent 访问，因此权重为 0，节点 v_k 所在的边包含了环境因素，环境因素的权重和为 3.5，直行节点 v_l 和右转节点 v_m 不包含权重因素，其中两者的权重比为 18：6.8，由此可以计算 a_i 下一个节点选择 v_k、v_l、v_m、v_p 的权重比为 3.5：0.73：0.27：0，Agent 选择这些路径的概率比为 0.78：0.16：0.06：0。

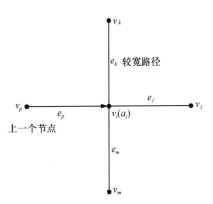

图 6.13　Agent 路径选择示意

属于该类型的 Agent 的寻路算法步骤如下：

```
1   ♯ 程序执行步骤
2   For each 未到达出口的环境寻路策略 Agent：
3       判断 Agent 属性当前访问目标 Agent. current_target 是否为空
4       if 为空：
5           根据 Agent 位置计算当前所处边 e
6           得到邻近的两个节点,随机指定 Agent 的下一个目标 Agent. current_target 为节点 i(另一个为 j)
7           将 j 加入到 Agent 已访问列表 Agent. visited
8           将 j 设为 Agent 上一个访问列表 Agent. last_visit
9           将[i,j]节点对入栈
10      else：
11          判断 Agent 是否到达 Agent. current_target
```

```
12          if True:
13              判断当前可访问节点(排除已访问节点)
14              定义函数 find_next_target(可用节点):
15                  计算各节点权重
16                  按概率随机选择下一个节点 next_target
17                  return next_target
18              if 可访问节点数>=2:
19                  将[Agent. last_visit,Agent. current_target]节点对入栈 Agent. stack
20                  将 Agent. current_target 加入到 Agent 已访问列表 Agent. visited
21                  将 Agent. current_target 设为 Agent 上一个访问列表 Agent. last_visit
22                  Agent. current_target=call find_next_target(可用节点)
23              if 可访问节点数==1:
24                  将 Agent. current_target 加入到 Agent 已访问列表 Agent. visited
25                  将 Agent. current_target 设为 Agent 上一个访问列表 Agent. last_visit
26                  Agent. current_target=可用节点
27              else:
28                  定义变量栈节点可访问节点数=0:
29                  while 栈节点可访问节点数==0:
30                      Agent. current_target,Agent. current_target=Agent. stack 栈顶节点对,
                        并删除栈顶节点对
31                      计算当前可访问节点(排除已访问节点)
32                      计算下一个访问节点(算法同上)
33          else:
34              pass
```

5）预测 Agent 的疏散策略

解释与预测人员在火灾中的行为是该领域的终极目标。作为一项启发式研究,目前我们尚无法通过实验跟踪和解释火灾中人员行为决策过程中的所有步骤,仅能通过人员表象的属性和行为结果之间建立关系或数学模型来预测一个特定的人在疏散过程中的行为。本书 5.2 节中采用传统统计学方法分析了人员疏散策略与个体因素之间的关系,结果表明消防培训经历与火灾经历对人员的策略选择具有显著影响,但这种结论仅关注对当前样本的描述和解释,那些不符合第一类假设错误 α 的因子无法排除与行为结果不相关。伴随着更多更大量的数据资源和人工智能技术的发展,心理学研究也正在逐步发展出以数据为导向的新的研究方法。因此,BUCBEvac 主要采用了机器学习模型来预测 Agent 的疏散策略,另外在最终仿真工具中也提供按比例分布随机生成不同疏散策略 Agent 的方式。

BUCBEvac 中 Agent 的性别、年龄、角色、学历、专业、火灾经历、消防安全培训经历、疏散演习经历和方向感共 9 个属性用于预测其疏散策略。通过调研得知商家类人员由于具备完善的空间认知地图、具有良好的消防知识经验、在当前地下商业建筑中进行过充分的消防疏散训练,可以认为这类人员在疏散时总能以效率最高的方式在火灾紧急情况

下疏散到室外，因此属于商家类的 Agent，其疏散策略指定为最短路径策略。 对于顾客类型的 Agent，本研究建立了一个朴素贝叶斯分类器，将本书 5.2 节中的实验数据集共 229 份样本（原实验中有 21 份样本被划分为未知策略）分成 70%训练集和 30%测试集来训练模型，并形成其疏散策略的预测模型（图 6.14）。 在训练集和测试集随机分割的情况下，预测准确性均值约为 55%（图 6.15）。

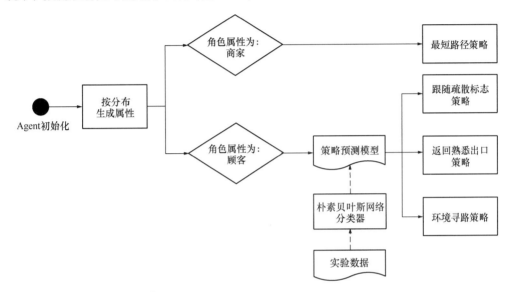

图 6.14　预测 Agent 的疏散策略

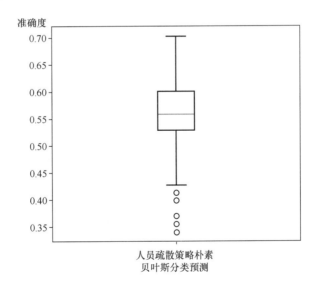

图 6.15　人员疏散策略预测准确度

　　图 6.16 演示了在一个测试场景中不同策略 Agent 的运动路径轨迹。 每种策略各生成 5 个 Agent，从左上方位置生成并需要到达右下方的出口中，在该场景中有 2 种影响行

为的环境要素——若干条较宽的路径和一个采光中庭，这些要素的位置设置并未对 Agent 到达出口的引导性进行优化。其中较宽路径的度（4m）为其他路径（2m）的 2 倍，在采光中庭位置没有设置出口。

第一类策略，即最短路径和跟随标志的 Agent 正如预期一样，它们选择了最短的路径到达最终出口。第二种策略，即返回熟悉出口的 Agent 表现出它们记得出口的方向，但并不能准确选择路径，不同的 Agent 选择了不同的路径到达右下方的出口，其中一个 A-gent（蓝色轨迹）在一条路径上出现了折返。第三种策略，即环境寻路的 Agent 用了更长的距离到达出口，每个 Agent 都探索了中庭位置，因避免选择重复节点的记忆算法，它们并未重复探索该区域并最终都成功到达出口。

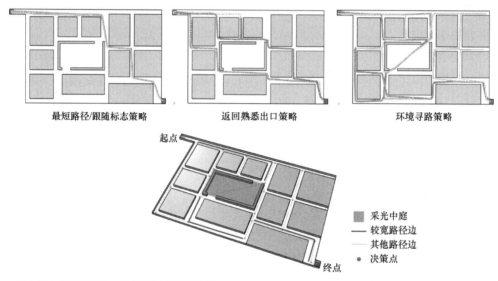

图 6.16　不同策略 Agent 在场景中的路径选择

4. 小群体

前文已探讨过在疏散过程中隶属于一个小群体的成员，他们的疏散通常在决策和行动上具有一致性。在 BUCBEvac 中每一个 Agent 都可以关联一个小群体（group），小群体成员通过领导力属性来决定它们在小群体中的等级。本研究中对于人员的社会行为没有进行较为深入的实证研究，因此对小群体的疏散表现建模主要来自其他文献中的理论。小群体的行为建模规则包括：

（1）小群体内部的领导和成员划分通过对属性领导力排序得到，领导力最高的成员被指派为群体领导，其他为成员；

（2）小群体 Agent 受到内部 Agents 的排斥力低于其他 Agents；

（3）小群体成员之间受到一个吸引力以保持成员间的相互距离；

（4）小群体在疏散时根据领导者的决策进行行动，并且小群体所有成员的预动作时间被指派为领导者的预动作时间。

在运动模型层面，小群体内的 Agent 与其他 Agent 个体最主要的差异是它们在运动时受到群体成员彼此的吸引力，如图 6.17 所示，Agent a_i 与 a_k 为同一个小群体成员，a_i 除受到来自墙体 O 的排斥力以及 a_j 和 a_k 的作用力（红色箭头）之外还受到来自 a_k 的吸引力（蓝色箭头）。该吸引力矢量指向小群体成员组成的凸多边形中心点。

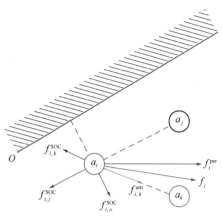

图 6.17 小群体中的 Agent 受力示意

隶属小群体的 Agent 的运动可表达为改写的社会力公式：

$$\vec{f}_\alpha(t) = \vec{f}_\alpha^{\text{pers}} + \sum_{\beta(\neq\alpha)} \vec{f}_{\alpha\beta}(t) + \sum_i \vec{f}_{\alpha i}(t) + \vec{f}_{\alpha\delta}^{\text{attr}}(t) \tag{6.8}$$

式中，$\vec{f}_\alpha^{\text{pers}}$ 为 Agent 的自驱力，$\sum_{\beta(\neq\alpha)} \vec{f}_{\alpha\beta}(t)$ 为 Agent 受到其他 Agent 的作用力，$\sum_i \vec{f}_{\alpha i}(t)$ 为 Agent 受到场景中障碍或墙体的作用力，这三者都是原社会力模型中的定义，$\vec{f}_{\alpha\delta}^{\text{attr}}(t)$ 为 Agent 受到的小群体内部的吸引力。在 BUCBEvac 中 $\vec{f}_{\alpha\delta}^{\text{attr}}$ 是一个与 Agent 期望速度有关的类sigmod函数（式 6.9），如图 6.18 所示，这可以保证 Agent 在离开群体中心点约 2m 后等待或加速以接近其他成员，从而保持群体的整体队形。如图 6.19 所示，小群体

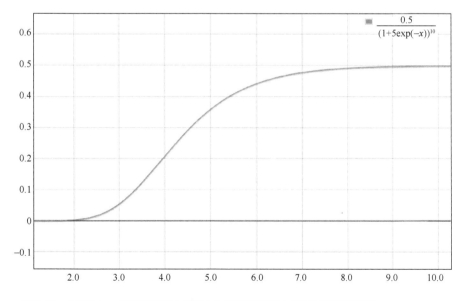

图 6.18 小群体 Agent 受到的吸引力与到中心点距离和自驱力倍数关系的函数图像

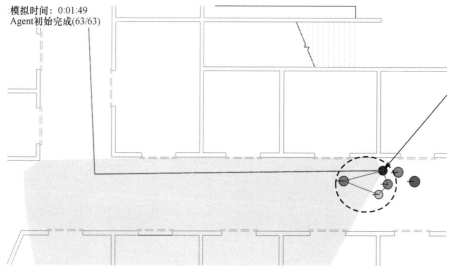

模拟时间: 0:01:49
Agent初始完成(63/63)

图 6.19　小群体 Agent 仿真示意

内部成员自由速度各不相同,在遇到与其他 Agent 相互作用和墙体时也会被隔开,吸引力能够让他们始终保持相互接近。

$$\vec{f}_{\alpha\delta}^{\text{attr}} = \frac{\vec{d}}{2\parallel\vec{d}\parallel} \cdot \frac{\parallel\vec{f}_{\alpha}^{\text{pers}}\parallel}{[1+5\exp(-\parallel\vec{d}\parallel)]^{10}} \tag{6.9}$$

式中,$\vec{d}$ 为 Agent 到小群体中心点的矢量。

6.3　BUCBEvac 仿真系统实现

　　基于上述数学模型框架,本书开发了 BUCBEvac 的可视化仿真系统。 该系统能够对不同设计工况下的地下商业建筑内人员消防疏散性能进行可视化仿真,具备广泛的适应性,基于设计师常用的 Rhino/Grasshopper 平台,建模过程和参数设置都是面对建筑设计师进行设计,无须专业的程序和算法知识。 具有完善的可视化和数据分析功能,整个模拟过程是实时动态的,模拟完成后即时呈现与人员疏散性能相关的数据图表分析,无须导入到专业的数据分析软件中形成图表。 本节介绍该系统的功能与模块构成,以及建模、模拟与数据分析仿真过程。

6.3.1　系统概述

　　BUCBEvac 仿真系统实现了地下商业建筑内人员消防疏散性能表现可视化仿真和数据分析的全过程。该系统与其他行人流分析软件的不同之处，主要是疏散过程体现了人员在寻路层面的差异性和随机性，人员的疏散不是由一个预定义的全局路径规划算法确定，而是在各个可能的路口依据疏散偏好实时做出疏散决策。本系统是在 Rhino 和 Grasshopper 平台上实现，Rhino 是在建筑设计领域被广泛应用的 3D 建模软件，Grasshopper 是集成于 Rhino 建模软件中的可视化编程工具，目前已成为建筑设计中参数化设计和建筑性能分析的主力工具。

　　本系统基于 Grasshopper 平台上的 Ironpython 框架开发完成，该框架以 Python 2.x 语言语法为基础，支持 Rhino3D 的全部底层图形化（基于 OpenGL）接口，微软 .NET-Framework4.0+ ，全部 C# 开发的动态链接库和部分 Python 第三方库。BUCBEvac 仿真系统具备的主要功能如下：

　　（1）依托 Rhino 建模工具，导入建筑设计图纸或设计图像文件快速完成建模过程。

　　（2）自定义地下商业建筑中的物理环境，包括墙体、出口、路径环境信息、节点环境信息、出口等过程。

　　（3）完善的仿真参数设置，快速自定义仿真方案，包括人员数量、人员分布组成、预动作时间开关、小群体模拟、疏散策略控制。

　　（4）仿真进程控制，包括仿真时间统计、仿真开始、仿真暂停、仿真继续、仿真加速、仿真减速、仿真停止等。

　　（5）可视化模拟疏散全过程，不同的显示模式（策略模式与性能模式），动态显示疏散个体信息和实时追逐疏散个体的路径轨迹、疏散决策。

　　（6）可视化分析疏散轨迹与出口信息统计。

　　（7）计算、存储和导出仿真运行过程中生成的大部分数据为 CSV 文件。

　　（8）对疏散性能主要指标进行图表分析，包括各项指标或时间的概率分布、累积分布、描述统计等。

6.3.2　主要模块

　　BUCBEvac 仿真系统的行人流运动学底层模拟基于 PedSim 插件。PedSim 的行人动力学基于社会力模型，其现有架构主要用于常态下的行人运动仿真，能够实现对行人和兴趣点停留等行为的模拟，如图 6.20 所示。

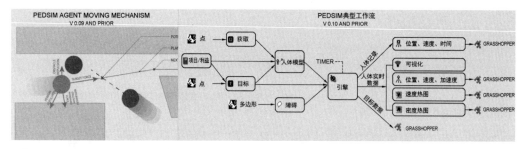

图 6.20　PedSim 行人动力学示意与仿真流程

　　仿真系统基于上一节中的框架架构进行设计，整个系统的可视化运算器节点定义如图 6.21 所示。这些模块由若干子运算器构成，每个运算器中定义了各种类与方法，包含了输入和输出，能够将数据传递给其他运算器进行处理或呈现几何显示，在仿真时的实时界面如图 6.22 所示。除用户参数输入和建模相关模块外，主要的算法模块可分成以下几个部分：

　　（1）模拟设置与全局变量模块：对应模型框架中的对象初始化模块。是用于处理仿真过程中的人员和建筑初始参数、仿真控制参数等全局变量的生成器，通过接受用户定义的参数并传递给数据库和模拟器用以生成建筑和 Agent 对象。

　　（2）数据库模块：对应框架模型中的建筑与行为数据库和模型数据库。包括预定义的人员分布数据、策略定义数据、仿真过程中的建筑几何和网络图数据的预处理与储存、人员数据储存与更新和其他全局变量的储存与更新。

　　（3）行为计算模块：对应框架模型中的行为模拟模块。用于实时计算每个 Agent 当前状态、速度控制、群体行为、环境感知和决策结果。

　　（4）Agent 可视化模块：对应框架模型中的数据分析与可视化模块。主要处理全局 Agent 的显示，包括 2 种显示模式——策略模式和性能模式，前者以颜色区分每个 Agent 疏散策略、半径大小、当前行动方向，在 Agent 较多的情况下对性能有影响；后者显示速度较快，直接以点表示各个 Agent。

　　（5）个体可视化模块：对应框架模型中的数据分析与可视化模块。处理对个体状态进行追逐的可视化显示，包括当前 Agent 的主要属性描述、已运动的路径轨迹、下一个行动目标点、当前 Agent 的熟悉出口、当前 Agent 所属群组信息等。

　　（6）数据分析模块：对应框架模型中的数据分析与可视化模块。用于模拟完成后和部分实时的数据处理与可视化，例如已疏散 Agent 的轨迹、数据导出、数据可视化图表分析等。

　　（7）PedSim 行人流运算器：对应模型框架中的行人流物理模拟引擎。

　　各模块中的子运算器大部分重新开发，少数采用 Grasshopper 内置运算器，其中重新开发的相关运算器在仿真过程中的主要功能、内部函数或相关输入输出见表 6.5。

运算器	功能	仿真阶段	模块
Simulation Speed Control	接受用户输入调整仿真步长时间间隔以加速或减速仿真	实时	模型数据库模块（仿真全局数据库——模型模拟设置）
Pause Continue	暂停或继续仿真	实时	
Timer	包括全局计时器、火灾触发到疏散完成计时器	实时	
Screen Text	模拟界面的文本信息，在不同状态（初始化、开始疏散、疏散完成）时进行显示	实时	
Settings	接受用户的输入和建筑模型信息并生成一系列全局变量，按类型输出这些变量给数据库的各个子模块	初始化	
Architecture Graph Database	输入建筑模型几何信息，生成建筑环境数据库和网络图数据库	初始化	对象初始化模块
Global Parameter Database	输入用户输入的与仿真工况相关的参数，包括 Agent 数量、疏散策略生成方式、小群体、预动作时间等，生成数据库	初始化	
Agent Init Database	储存了不同属性 Agent 分布数据、预训练 Agent 策略预测模型等非用户输入的相关数据	静态预设	模型数据库模块（预分析数据库）
Agent Database	储存 Agent 类的所有相关属性和模拟过程中产生数据的数据库，并在仿真每个步长中实时更新这些数据，疏散仿真与数据处理运算器均从该数据库获取数据	初始化、疏散仿真	模型数据库模块（仿真全局数据库）
Perform Strategy	输入 Agent 类、网络图，包括 Agent 的环境感知和不同策略的寻路算法	疏散仿真	行为模拟模块
Group Behavior	输入 Agent 类，根据用户全局变量生成 Agent 小群体，实时计算小群体运动行为	初始化、疏散仿真	
Speed Control	输入 Agent 类，在疏散仿真时实时根据人员周围密度修正 Agent 当前速度，采用 Fruin 的速度密度模型	疏散仿真	
View Agents	根据 Agent 的策略、大小、实时运动方向显示 Agent	实时	数据分析与可视化模块（模型可视化）
Draw Person	采用有尺寸的单色点显示 Agent	实时	
Single Agent Trace	输入单个 Agent，显示其基本属性、已行动路径、当前目标、群组信息、熟悉出口	疏散仿真	
Data Anylysis	处理仿真中的数据信息，包括所有 Agent 的疏散时间，运动路径，到达出口。输出为：导出所有数据为 csv 文件，将一部分数据输出给 GH 可视化运算器进行显示，另一部分预处理数据输出给 Dataplot	仿真后处理	数据分析与可视化模块（数据分析与记录）
Data Plot	绘图模块，接收 Data Anylysis 传递的预处理数据，采用 Matplotlib 库进行绘图	仿真后处理	

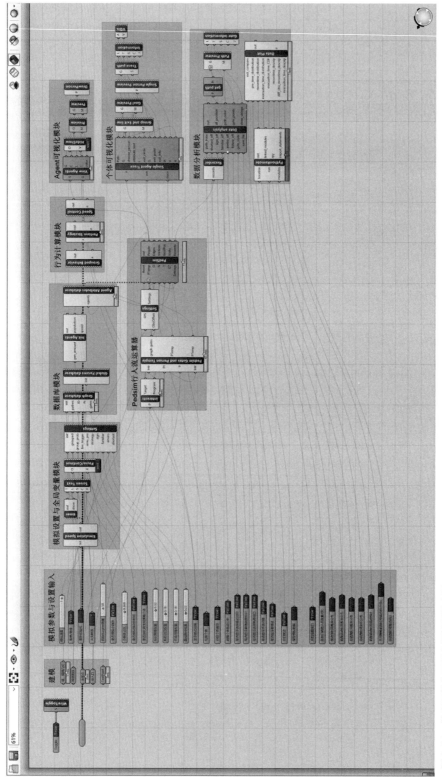

图 6.21　仿真系统的可视化运算器节点图

图 6.22　仿真过程界面截图

6.3.3　仿真过程

由于支持 Rhino 的三维建模工具以及所有输入参数都基于面板进行调整，在 BUCBEvac 仿真系统中从建模到参数设置、仿真完成的整个过程都较为简便，整个仿真过程可分为仿真环境准备、疏散仿真模拟、仿真数据保存与分析三个步骤。

1. 仿真环境准备

仿真环境准备工作包括建立地下商业建筑模型，根据路径布局建立室内网络决策图，设定环境属性信息和设置仿真参数。

由于采用了 Rhino 中的多义线、直线、点等几何对象来表示建筑内部的物理对象，仿真系统支持符合定义的导入 AutoCAD 图形或使用 Rhino 来建立地下商业建筑模型。用户也可导入地下商业建筑平面图，进行一定比例的缩放后在 Rhino 中参照绘制。由于仿真系统采用闭合的图形来表示障碍，因此一般的建筑施工平面图并不能直接用于仿真。得益于 Rhino 强大的模型编辑工具，用户可使用各种图形绘制、修改、辅助绘图工具建立地下商业建筑仿真物理模型。图 6.23 为调研中的成都老三巷地下商业街平面图。

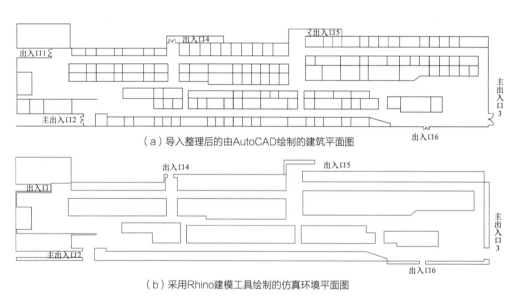

（a）导入整理后的由AutoCAD绘制的建筑平面图

（b）采用Rhino建模工具绘制的仿真环境平面图

图 6.23　导入建筑平面图并绘制物理环境

下一步需要在平面图基础上建立建筑内的逻辑信息，包括出口、决策点和网络图连线。决策点的建立主要是在室内的各个路口，特别是有多个路径可选的位置，决策点的默认到达半径为 2m，用户也可手动指定其到达半径；边的建立原则上依据邻近节点的路径可达关系与视觉可达关系连接决策点和出口。 BUCBEvac 在初始化网络图时默认以边的长度作为该边的费用权重（cost），对于部分边长度与 Agent 实际行走路径不同的边可以手动指定其费用权重。 如图 6.24 为该平面图建立网络图，在出入口 1 和出入口 5 位置有 2 条边，其直线长度短于实际路径的长度，因此手动指定该边的长度。 在建立网络图后为节点和边添加属性，采用 Rhino 几何对象的用户属性文本来添加属性信息。 图 6.25 中为主入口、普通决策点、较宽路径的属性。 全部属性见表 6.6。 由于有默认参数，用户在实际使用时无须为每个元素添加属性，只需要区分出口类型，为决策点中的中庭节点、具有特殊到达半径节点、具有环境信息路径、默认长度不等于实际到达长度路径这几类元素添加属性即可。

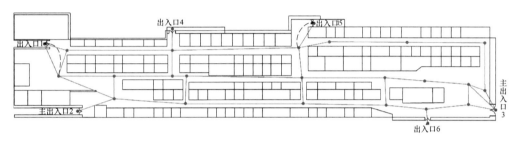

图 6.24　绘制决策网络图元素

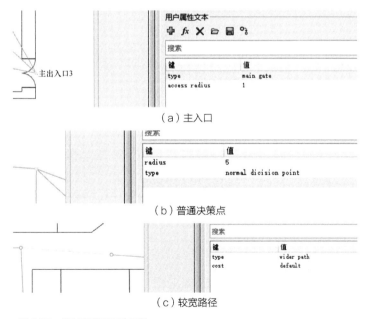

（a）主入口

（b）普通决策点

（c）较宽路径

图 6.25　添加网络图元素属性

網絡圖元素屬性賦值 表 6.6

元素	關鍵字	說明	值
出口	type	出口類型	['gate', 'main gate']
	access radius	出口到達半徑	float or 'default'
決策點	type	決策點類型	['normal dicision point', 'atrium']
	radius	決策點到達半徑	float or 'default'
路徑	tpye	路徑類型(環境影響因子)	['normal path', 'wider path', 'bright path', 'sunroof path']
	cost	路徑實際長度	float or 'default'

建立物理模型和決策網絡圖模型後需要設定參數,首先需要在 Grasshopper 面板中將 Rhino 模型元素關聯到 GH 模型中,其他所有參數設定都已經發布到一個單獨的 Rhino 面板中,如圖 6.26 所示。

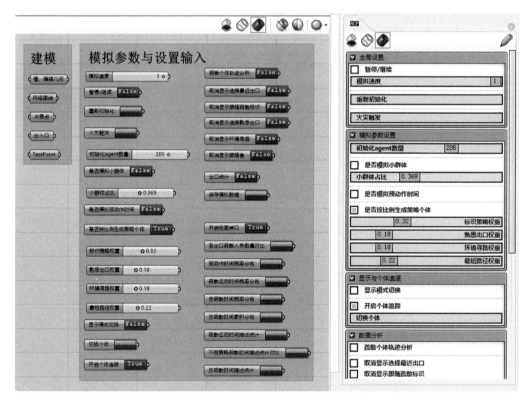

图 6.26 GH 參數輸入組件與 Rhino 設定面板

仿真系統提供了盡可能詳盡的參數自定義功能,包括:仿真進程控制(開始、暫停、繼續、速度調整),初始化人員數量,是否模擬小群體以及小群體占總體人員比例,是否模擬預動作時間,人員策略生成方式(預測和手動控制)。 在仿真過程中,用戶還可以调整不同的显示模式，追踪特定个体 Agent 的路径与决策信息，显示已疏散个体的运动轨迹。 在本节仿真过程演示中，设定 200 人参与疏散，按预测方式生成疏散策略，模拟小群体比例为 36%，模拟预动作时间。

2. 疏散模拟仿真

仿真环境准备完成后，首先是对 Agent 对象进行初始化。 如同大部分的疏散仿真模拟软件，仿真系统不支持在场景固定位置分布 Agent，仅能通过生成器按一定频率逐渐生成 Agent，并将其均匀分布到场景中，直到 Agent 数量达到参数中的设定值后停止行动，初始化完成。 因此，研究时建议多次实验使用蒙特卡洛实验法对比不同场景下的疏散性能表现。 图 6.27 为该场景 Agent 初始化完成后的分布状态。

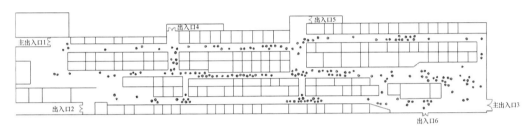

图 6.27　Agent 初始化完成

初始化完成后用户点击火灾触发即开始疏散仿真，在疏散仿真过程中用户可以切换不同显示模式，实时追逐单个 Agent 的相关信息和决策行为。 疏散模拟仿真过程不同阶段如图 6.28 所示。

3. 数据导出与可视化数据分析

仿真完成后，可以导出所有 Agent 的属性与疏散相关指标，包括预动作时间、疏散运动时间、总疏散时间、疏散出口选择等数据（图 6.29），将数据导入 csv 文件用于性能分析。仿真系统也内置了一部分分析功能，在可视化界面支持显示所有 Agent 或按策略分类 Agent 的疏散轨迹（按策略显示不同颜色）和不同出口的疏散人数统计，如图 6.30 所示。

如图 6.31，自带的绘图分析工具支持对各出入口疏散人员数量对比、Agent 预动作时间概率分布概率密度函数、Agent 疏散运动时间分布概率密度函数、Agent 总疏散时间分布概率密度函数、Agent 总疏散时间累积分布函数、Agent 总疏散时间描述统计、Agent 疏散运动时间描述统计和不同策略 Agent 疏散运动时间描述统计对比进行图表分析。

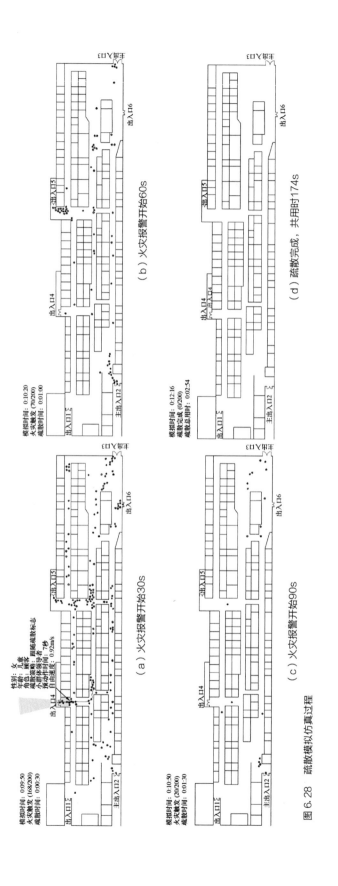

模拟时间: 0:09:50
火灾触发: (168/200)
疏散时间: 0:00:30

性别: 女
年龄: 儿童
角色: 顾客
小群体领导号志
预动作时间: 7秒
目标体领导号志
目标速度: 0.92m/s

（a）火灾报警开始30s

模拟时间: 0:10:20
火灾触发: (70/200)
疏散时间: 0:01:00

（b）火灾报警开始60s

模拟时间: 0:10:50
火灾触发: (20/200)
疏散时间: 0:01:30

（c）火灾报警开始90s

模拟时间: 0:12:16
疏散完成: (0/200)
疏散总用时: 0:02:54

（d）疏散完成，共用时174s

图6.28　疏散模拟仿真过程

地下商业建筑人员消防疏散行为与建模

ID	性别	年龄	角色	学历	专业背景	消防安全培训	火灾经历	消防疏散经验	方向感	疏散策略	小群体	速度	预动作时间	疏散运动时间	总疏散时间	最终出口
562	男	青年	顾客	高中及以下	非建筑类	有	无	无	一般	跟随疏散标识	无	1.41	7.56	5.94	13.5	gate 6
681	女	青年	顾客	高中及以下	非建筑类	有	无	无	较弱	跟随疏散标识	无	1.07	9.47	4.28	13.75	gate 4
671	男	青年	顾客	高中及以下	建筑类	有	无	无	很强	跟随领导者	小群体成员	1.49	11.7	3.3	15	gate 1
626	女	青年	顾客	本科/大专	非建筑类	有	无	有	较弱	跟随领导者	小群体成员	1.18	11.7	4	15.7	gate 1
675	女	青年	顾客	高中及以下	非建筑类	有	无	有	一般	跟随疏散标识	无	1.06	12.37	4.68	17.05	main_gate 3
628	男	中年	顾客	高中及以下	建筑类	有	无	有	一般	跟随疏散标识	无	1.39	7.65	10.3	17.95	gate 5
590	女	儿童	顾客	高中及以下	非建筑类	无	有	无	一般	跟随疏散标识	小群体领导	0.87	11.7	6.4	18.1	gate 1
664	男	青年	顾客	本科/大专	非建筑类	有	有	有	一般	跟随疏散标识	无	1.25	10.94	7.36	18.3	main_gate 3
668	女	青年	顾客	高中及以下	建筑类	有	无	无	较弱	跟随疏散标识	无	1.19	10.44	9.46	19.9	gate 5
640	男	青年	顾客	高中及以下	非建筑类	有	无	无	较强	跟随领导者	小群体成员	1.39	12.03	8.02	20.05	main_gate 4
381	女	青年	顾客	高中及以下	非建筑类	有	无	无	一般	选择最近出口	无	1.16	11.64	8.61	20.25	gate 4
630	男	青年	顾客	高中及以下	非建筑类	有	无	无	一般	返回熟悉出口	小群体领导	1.38	12.68	8.17	20.85	main_gate 2
579	女	青年	顾客	高中及以下	建筑类	有	无	无	一般	跟随疏散标识	无	1.18	12.03	8.97	21	main_gate 3
547	女	中年	顾客	高中及以下	非建筑类	有	无	有	一般	选择最近出口	无	1.13	13.63	7.87	21.5	gate 5
679	女	青年	顾客	高中及以下	建筑类	有	无	无	一般	跟随疏散标识	无	1.22	12.03	9.47	21.5	main_gate 3
633	男	中年	商家	高中及以下	非建筑类	有	无	有	一般	根据环境特征寻路	无	1.37	10.88	11.37	22.25	gate 6
469	女	中年	顾客	高中及以下	非建筑类	有	无	无	很弱	选择最近出口	无	1.15	15.19	7.11	22.3	gate 5
565	男	青年	顾客	本科/大专	非建筑类	有	无	无	较弱	跟随疏散标识	小群体领导	1.39	9.35	13.7	23.05	gate 5

图 6.29　采用 excel 导入疏散仿真结果的 csv 文件

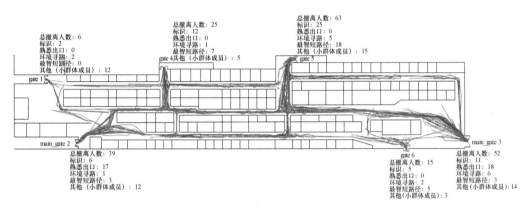

图 6.30　分析 Agent 的疏散轨迹和不同出口疏散人数统计

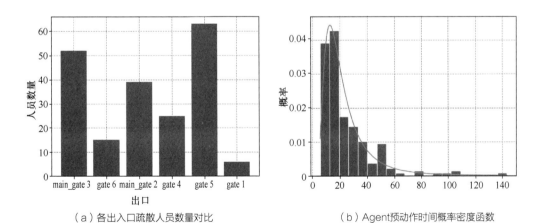

（a）各出入口疏散人员数量对比

（b）Agent 预动作时间概率密度函数

图 6.31　内置仿真结果图表分析种类（一）

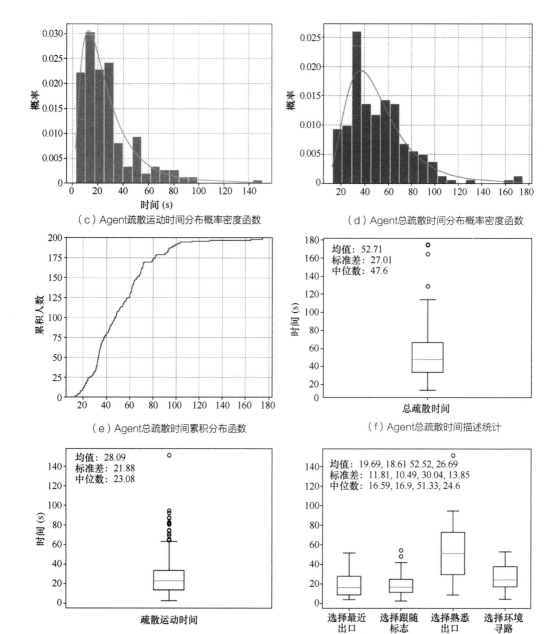

（c）Agent疏散运动时间分布概率密度函数

（d）Agent总疏散时间分布概率密度函数

（e）Agent总疏散时间累积分布函数

（f）Agent总疏散时间描述统计

（g）Agent疏散运动时间描述统计

（h）不同策略Agent疏散运动时间描述统计对比

图6.31　内置仿真结果图表分析种类（二）

Underground
Commercial
Buildings

7

模型验证与应用案例分析

对于疏散仿真模型，由于人类行为的不可预测性和随机性，无法保证一个疏散模型与某一次的人类火灾疏散现实情况完全一致，对疏散模型的验证是一项重要但尚无有效方法的任务。对疏散模型各个方面进行广泛验证能够从某些层面反映疏散结果的准确性。本章将采用一系列自下而上的方法来验证和测试 BUCBEvac 仿真系统在各个方面的预期功能，测试主要分成两类：

（1）测试该仿真系统在行人动力学层面的表现，虽然底层的仿真引擎基于社会力模型，但 PedSim 是闭源插件，并未提供模型中的各项参数，BUCBEvac 在此基础上结合地下商业建筑调研对人员速度密度等进行了修正，加入了对行为和决策层面的模拟，重写了人员行动路径算法，因此需要验证仿真平台是否仍能够满足疏散动力学层面的基本要求，例如行人流是否符合自组织现象，速度与密度的关系，出口流量等是否满足行人流的相关研究等。通过与其他成熟平台、相关标准和理论研究对比进行验证。

（2）模型中的人员决策行为建模与参数大部分来自实验数据，因此将测试该模型是否满足实验中的人员行为表现。

此外，本章还将介绍 BUCBEvac 仿真系统对地下商业建筑消防疏散性能评估及设计优化的相关案例。

7.1　模型验证

7.1.1　疏散动力学测试

疏散动力学测试旨在验证模型中内置的底层模拟核心是否满足目前对疏散行人流研究的相关基本理论，这些测试的准确性对于更加复杂的整体仿真的结果准确性至关重要。其中有两类测试：①行人仿真在整体表现上是否符合当前对行人流自组织现象的研究的定性验证，如狭窄出口、对向人流、斜向人流的动态动力学表现；②行人流的动力学数据是否符合目前相关理论模型的定量验证，主要包括狭窄出口处的疏散流速、不同人群密度下的疏散流速。本书在 2.2 节中对相关理论有阐述。

1. 自组织现象

1）测试 1：瓶颈表现

第一项测试是关于高密度行人流在出口瓶颈处的表现。根据已有研究，高密度人群在狭窄出口处呈现一个以出口为中心的拱形瓶颈，出口人员呈现均匀流速的滴漏现象。该项测试场景在 1 个 16m×10m 的房间中放置了 100 个 Agent，狭窄口宽度为 1m，在该项测试中所有 Agent 的肩宽直径均为 0.4m，自由速度均为 1.3m/s。仿真开始后，Agent 从所在位置撤离房间（没有延迟），从结果来看，疏散过程符合拱形瓶颈与瓶颈滴漏的自组织现象，整个过程人群流速均匀（图 7.1）。

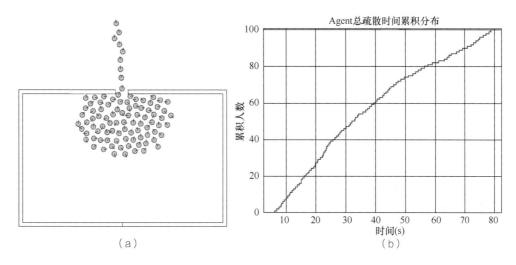

（a）

（b）

图 7.1　测试 1 仿真过程截图与疏散累积分布结果

2）测试 2：对向行人流

第二项测试是关于对向行人流的表现。根据已有研究，对向行人流会形成渠化现象，人流会自动形成不同的通道。测试场景如图 7.2 所示，场景中间的通道宽 3m，长约 40m，两侧的房间以动态速率生成 Agent 并到达对面的房间。Agent 的体型大小与自由速度根据模型中的人员分布生成。仿真过程中在密度约为 0.5~1.0 人/m² 时，观察到了明显的对向行人流自动渠化现象（图 7.3），符合预期。

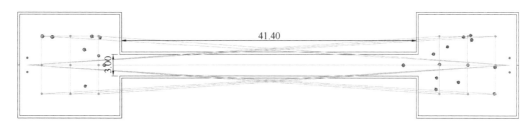

图 7.2　测试 2 场景设置

3）测试 3：斜向行人流

第三项测试是关于斜向行人流的表现。根据已有研究，呈一定角度的斜向人流交织

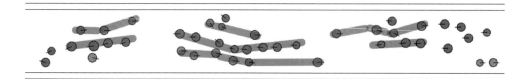

图7.3 测试2仿真过程

在一起时，会出现2个震荡的流动条纹，即2股人流出现交叉摆动的方式轮流震荡离开交织区。测试场景如图7.4所示，上下两个房间以动态速率生成Agent，进入通道并到达通道底部，通道相互斜向约30°交叉，两股行人流在中间位置相遇，通道宽度为3m。Agent的体型大小与自由速度根据模型中的人员分布生成。仿真过程中行人流在相遇后2股人类呈现震荡轮流通行的特征，通过交叉点的Agent符合流动斑纹的自组织现象（图7.5）。

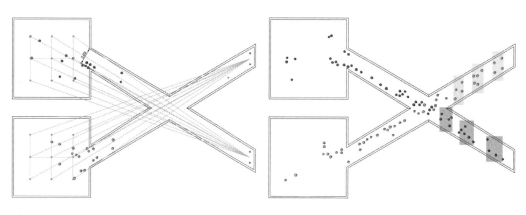

图7.4 测试3场景设置　　　　　　　　图7.5 测试3仿真过程

4）测试4：瓶颈摆动

第四项测试是关于瓶颈处对向行人流的表现。根据已有研究，2股行人流以对向通过一个狭窄口时，2个方向的行人流会依次交替占据出口。测试场景在左右2个房间分布生成50个Agent，中间的狭窄口为2m宽，疏散指令触发后，2个房间的Agent分别到达对面房间的出口，Agent的体型根据预设的分布生成，自由速度均设置为1.3m/s。在仿真过程中，两个房间的Agent依次占据瓶颈到达对面房间（图7.6），最终总共耗时136s，其间形成约5次瓶颈摆动，符合预期。

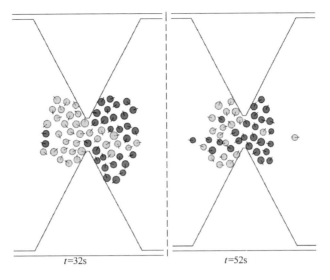

$t=32s$ $t=52s$

图 7.6　测试 4 仿真过程截图

2. 流速测试

1）测试 5：不同出口宽度下的流速

在狭窄出口处的行人流流速表现是疏散仿真模型准确性的一项重要指标。 在典型的测试中，通常使用不同宽度的出口模拟 100 人的疏散实验，然后将仿真结果与其他数据源（例如设计规范或现场实验）的行人流速率进行比较。 SIMULEX 模型是目前被广泛应用的疏散仿真模型与应用软件[210]，Pan[91] 的研究中报告了采用 SIMULEX 进行该项测试的数据结果。 因此，测试 5 进行此项测试并与 SIMULEX 中先前报告的结果进行比较，测试采用了与此前 SIMULEX 实验类似的设置，如图 7.7 所示，在一个 10m×15m 的房间内放置 100 个 Agent，Agent 肩宽直径均为 0.4m，自由速度 1.3m/s。 在给定设置下，SIMULEX 的仿真结果总是不变，而在 BUCBEvac 中由于初始分布和人员运动都存在一定随机性，因此对于每种宽度的仿真结果取 5 次的平均值。

根据 Pan[91] 计算出口流速的算法，不同宽度出口的行人流流速：

$$Q = \begin{cases} \dfrac{80}{w(T_{90} - T_{10})}, & w \geqslant 1.1m \\[3mm] \dfrac{65}{w(T_{70} - T_5)}, & w < 1.1m \end{cases} \qquad (7.1)$$

式中，w 为出口宽度，参数 T_5，T_{10}，T_{70} 和 T_{90} 分别为第 5、10、70 和 90 个 Agent 通过出口时的时间。

SIMULEX 模型仿真结果见表 7.1，BUCBEvac 仿真结果见表 7.2，两者不同宽度出口流速对比如图 7.8 所示。 BUCBEvac 速率整体上略低于 SIMULEX 的仿真结果，但偏

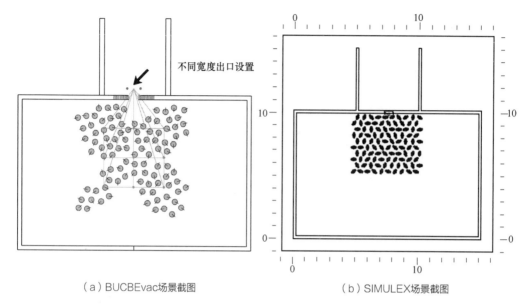

（a）BUCBEvac场景截图　　　　　　　　（b）SIMULEX场景截图

图 7.7　测试 5 场景设置与原 SIMULEX 实验场景设置[91]

差较小；除最后两个宽度的出口速率走势呈现一定差异，其他不同宽度的流速变化走势与 SIMULEX 基本一致，两者均在 1.4~1.6m 宽度的出口范围取得了较大速率。 总体来看，两者在此项测试中的仿真结果非常相似。 鉴于 SIMULEX 已经是被广泛验证和使用的模型，BUCBEvac 对出口速率模拟满足疏散仿真准确性的要求。

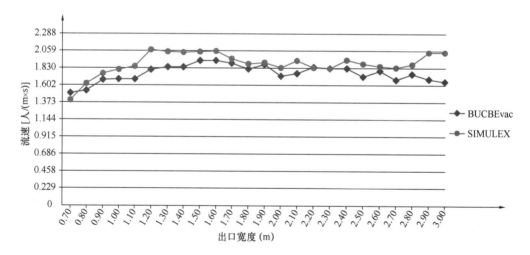

图 7.8　BUCBEvac 与 SIMULEX 在不同宽度出口流速对比

2）测试 6: 不同人群密度下的通道流速

对特定密度人员情况下的通道流通能力评估的准确性也是疏散仿真模型的一项重要指

地下商业建筑人员消防疏散行为与建模

标。 疏散通道的流通能力、人员行走速度和人员密度三者密切相关，目前有一些模型和公式被提出用来描述人员密度和通道流速的关系[211]。 在此项测试中，本书主要对比了 SFPE 手册[212] 中建议的公式和 Fruin[213] 提出的密度流速公式以评估 BUCBEvac 模拟特定密度人员在通道的流速表现。

SIMULEX 仿真行人流通过不同宽度出口仿真结果[91]　　　　表 7.1

出口宽度 （m）	T_5 （s）	T_{10} （s）	T_{70} （s）	T_{90} （s）	总耗时 （s）	流速 [人/(m×s)]
0.70	6.00	12.00	72.00	92.00	100.80	1.41
0.80	5.00	9.00	55.00	72.00	77.90	1.63
0.90	4.00	6.00	45.00	57.00	62.60	1.76
1.00	3.00	7.00	39.00	50.00	55.50	1.81
1.10	3.00	6.00	35.00	45.00	49.60	1.86
1.20	5.00	8.00	32.00	40.00	45.10	2.08
1.30	4.50	8.00	30.00	38.00	42.30	2.05
1.40	4.00	7.00	27.00	35.00	38.40	2.04
1.50	3.00	5.00	24.00	31.00	34.90	2.05
1.60	3.00	6.00	24.50	30.30	33.90	2.06
1.70	3.00	6.00	25.00	30.00	35.20	1.96
1.80	3.00	5.50	23.00	29.00	32.20	1.89
1.90	2.50	5.00	23.00	27.00	31.10	1.91
2.00	2.50	4.80	21.00	26.50	29.80	1.84
2.10	2.50	4.80	19.50	24.50	26.80	1.93
2.20	1.50	3.20	17.50	23.00	26.30	1.84
2.30	2.00	3.50	18.00	22.50	26.50	1.83
2.40	2.00	4.80	17.50	22.00	24.70	1.94
2.50	1.50	3.20	17.00	20.10	23.40	1.89
2.60	1.20	4.50	16.00	21.00	24.40	1.86
2.70	1.50	4.00	17.00	20.10	23.10	1.84
2.80	1.50	3.00	15.10	18.20	23.60	1.88
2.90	1.50	3.50	15.20	17.00	21.80	2.04
3.00	13.00	3.40	14.00	16.50	19.80	2.04

出口宽度 （m）	T_5 （s）	T_{10} （s）	T_{70} （s）	T_{90} （s）	总耗时 （s）	流速 [人/（m×s）]
0. 70	6. 38	9. 53	68. 48	101. 25	110. 7	1. 50
0. 80	5. 53	8. 73	58. 60	86. 40	93. 85	1. 53
0. 90	4. 50	6. 98	47. 60	67. 00	75. 68	1. 68
1. 00	3. 68	5. 85	42. 25	56. 48	61. 48	1. 69
1. 10	3. 83	5. 85	33. 80	48. 85	54. 68	1. 69
1. 20	4. 35	6. 53	31. 63	43. 45	47. 20	1. 81
1. 30	3. 20	4. 95	28. 13	38. 17	42. 00	1. 85
1. 40	3. 98	5. 55	26. 95	36. 48	40. 28	1. 85
1. 50	3. 73	5. 28	24. 60	32. 88	36. 30	1. 93
1. 60	3. 78	5. 13	23. 13	30. 98	33. 58	1. 93
1. 70	4. 93	4. 95	22. 75	29. 68	32. 48	1. 90
1. 80	3. 43	4. 97	22. 98	29. 38	32. 08	1. 82
1. 90	3. 88	4. 97	21. 43	27. 40	29. 70	1. 88
2. 00	3. 33	4. 35	20. 75	27. 53	29. 58	1. 73
2. 10	3. 00	4. 10	20. 15	25. 78	27. 98	1. 76
2. 20	2. 95	4. 33	18. 35	24. 00	26. 33	1. 85
2. 30	4. 25	4. 28	18. 30	23. 33	25. 58	1. 83
2. 40	2. 98	4. 10	17. 40	22. 33	24. 18	1. 83
2. 50	2. 98	4. 13	17. 90	22. 73	24. 40	1. 72
2. 60	3. 05	4. 22	16. 90	21. 35	23. 03	1. 80
2. 70	2. 85	3. 98	17. 13	21. 65	23. 28	1. 68
2. 80	3. 05	4. 58	16. 80	20. 95	22. 55	1. 75
2. 90	3. 08	4. 35	16. 35	20. 70	22. 43	1. 69
3. 00	2. 83	3. 95	15. 93	20. 08	21. 58	1. 65

场景由一个房间和一个 3m 宽、约 50m 长的走道组成，如图 7.9 所示。 左侧房间中以动态速率生成 Agent，所有 Agent 的体型尺寸肩宽直径均为 0.4m，自由速度均为 1.3m/s，这些 Agent 在生成后走向通道尾部的出口。 在通道中间部分的一个 3m×5m 的区域中，程序每隔 1s 记录一次该区域中的人员密度，走廊的正中间记录 5s 内的人员流量，并通过 5s 内的平均 Agent 密度计算流速。 总共连续搜集了 337 个数据，将结果绘制成散点图并与相关模型进行对比。

NFPA 中建议的流速与密度模型：

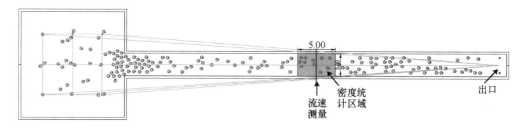

图 7.9　测试 6 场景设置

$$F_s = 1.4D - 0.37D^2 \tag{7.2}$$

式中，F_s 单位为人/（m×s），D 为人群密度，单位为人/m²。

　　Fruin 提出的密度流速模型：

$$F_s = \frac{281M - 752}{M^2} \tag{7.3}$$

式中，F_s 单位为人/（英尺×m），M 为每个人的面积，单位为平方英寸/人。

　　BUCBEvac 测量的密度/流速散点值与两个模型曲线的对比如图 7.10 所示。总体而言，测量结果与模型预测较为一致，在人群密度达到 2 人/m² 左右时，行人流获得最大的流速，随着人群密度降低，流量降低，主要是因为当前空间人员数量减少导致。但 Simped 底层核心由于相关内置参数和采用正圆形代表 Agent 的缘故，BUCBEvac 中无法模拟人员密度非常高的情况。在整个模拟过程中记录到最高的人群密度约为 2.3 人/m²，因此记录值中没有明显人群密度高于 2 人/m² 时速度明显下降的趋势，在人群密度极高的

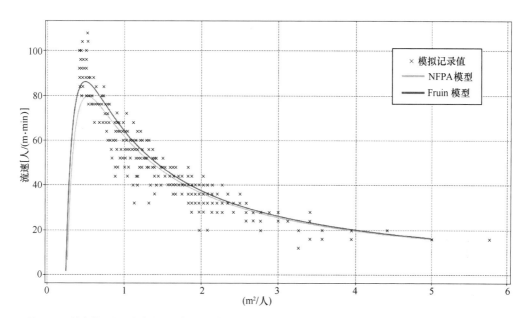

图 7.10　仿真结果行人流速度、密度散点图与模型曲线

情况下，空间不足会阻碍人员运动，因此流速会大幅降低。

7.1.2　实验数据验证测试

BUCBEvac 中 Agent 的行为来自现有对人类火灾行为研究的相关理论和本书的一系列实验。 每个 Agent 疏散时，在物理层面上主要与其步行速度、密度和物理环境约束有关，前面已经进行了测试；在决策层面上是通过自身策略和环境特征来定义的，一部分用于 Agent 在不同环境下的决策算法数据来源于本书的严肃游戏实验。 因此本节将对最终模型在人员寻路决策上的表现与实验结果进行对比测试，以验证 BUCBEvac 疏散模型将实验数据转化为仿真过程的有效性。 由于实验数据本身的生态效度尚未充分验证，本节的测试虽然是与真实数据进行对比，其仍然是功能性测试，而不是生态有效性测试。

1. 测试 7：疏散策略预测与不同策略寻路表现

该测试与第 5 章实验一中人员的疏散寻路策略和不同策略疏散者寻路表现的研究进行对比。 测试场景（图 7.11）完全按照本书 5.2 节的虚拟场景（见图 5.7）进行设置。 从原实验的疏散阶段开始进行，所有 Agent 出生在场景中的 S 商店，在 E 决策点能够直接感知到中庭区域，由于出口 3 是预设的标志策略出口，因此场景中疏散标志区域中的路径长度属性手动设置为 0。 所有 Agent 的熟悉出口被指定为出口 1。 测试中每个 Agent 的

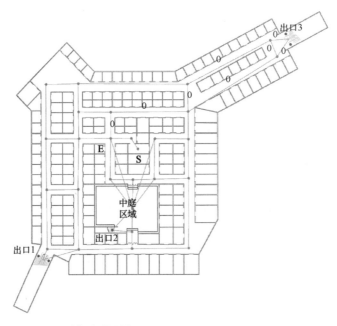

图 7.11　测试 7 场景设置

属性输入都与原参与实验者的个体属性一致，并由内置模型来预测其疏散策略。在一次仿真中，每轮生成 5 个 Agent 触发疏散，直到完成所有 250 个样本的疏散。由于模型中存在一定随机性，总共进行 3 次仿真并获取数据与真实实验进行对比。

图 7.12 为仿真中 Agent 的策略预测与实验中获得人员疏散策略的对比，两者不同策略的数量和比例都较为一致，仿真模型预测中选择疏散标志的比例稍低于原始数据，另外两个策略的比例稍高于原始数据。在储存了确定的模型参数后，对于确定的输入对象朴素贝叶斯网络总是会给出唯一的分类，因此 3 次仿真中人员的策略预测是一致的。由于原实验数据的 70% 被作为了训练样本，因此采用原始实验数据作为 Agent 属性进行策略预测在预期上不会出现大的偏差。

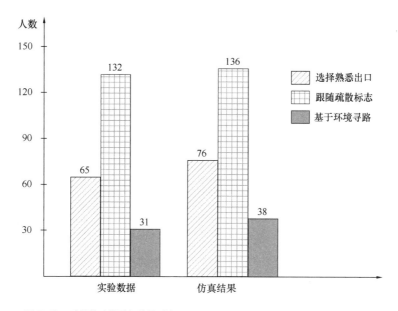

图 7.12　疏散策略类型与数量对比

图 7.13 为 3 次仿真结果与原实验人员的疏散轨迹对比，原实验轨迹没有按颜色区分不同的策略。从整体来看，仿真结果和实验结果轨迹在不同区域的分布有一定相似性，右上角部分的轨迹都相对集中，仿真中跟随疏散标志 Agent 都选择了相同的路径到达出口，而实验中选择该策略的人员路径也相对较为一致，左下角部分的路径轨迹都较为分散，表明仿真中选择熟悉出口的 Agent 行为与实验中的人员寻路存在类似性，由于记忆的偏差，在地图左边部分的路径上进行了更多的探索。采用环境策略的 Agent 大部分直接到达中庭区域并成功寻找到出口，少部分探索了地图更广泛的区域，其中一些 Agent 从其他两个出口进行疏散。

表 7.3 和图 7.14 为 3 次仿真结果中不同策略 Agent 疏散效率与原实验的对比。3 次仿

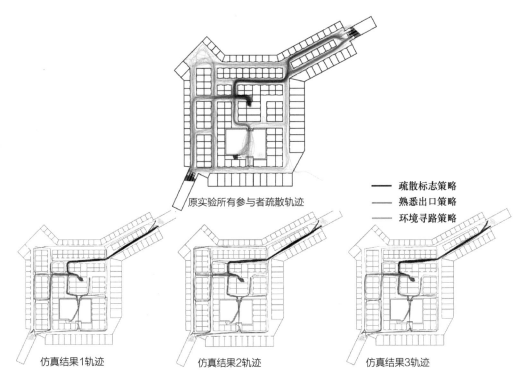

原实验所有参与者疏散轨迹

疏散标志策略
熟悉出口策略
环境寻路策略

仿真结果1轨迹   仿真结果2轨迹   仿真结果3轨迹

图 7.13　疏散轨迹对比

真结果中，选择疏散标志的 Agent 疏散效率最高，标准差最小，结果基本一致，由于该类型 Agent 是基于最短路径进行寻路，因此相对于实验参与者有更高的疏散效率和更小的标准差，实际上这种差异来源于多个 Agent 运动时的相互影响造成了部分 Agent 的运动路径比最短路径稍长；基于环境寻路的 Agent 在疏散效率的表现上与原实验较为接近，在 3 种策略中效率排第二，3 次仿真结果的均值与原实验结果的偏差约为 2%~5%，标准差较小；选择熟悉出口的 Agent 疏散效率最低，符合原实验结果，但均值比原实验高约 6%~11.5%，标准差也相对较高，这种偏差应该可以通过调整人员在路口的寻路正确率 α 进行修正，但对此还需继续研究。

不同策略疏散效率与原实验结果对比　　　　　　　　　　　　表 7.3

	选择熟悉出口		选择疏散标志		选择自然采光		F	P
	μ	s	μ	s	μ	s		
原实验	0.70	0.17	0.90	0.12	0.82	0.23	29.74	< 0.001
仿真结果 1	0.777	0.21	0.965	0.013	0.848	0.22	37.911	< 0.001

	选择熟悉出口		选择疏散标志		选择自然采光		F	P
	μ	s	μ	s	μ	s		
仿真结果 2	0.742	0.21	0.965	0.014	0.809	0.25	49.326	< 0.001
仿真结果 3	0.805	0.20	0.965	0.014	0.862	0.22	32.017	< 0.001

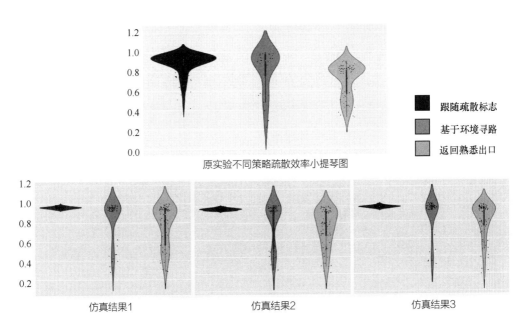

图 7.14　不同策略疏散效率小提琴图对比

　　更进一步地,将不同策略 Agent 疏散效率的数据绘制成小提琴图与原实验结果进行对比。 在数据分布上,不同 Agent 的疏散效率与原实验结果也具有一致性,跟随疏散标志的疏散效率分布较为集中;基于环境寻路的 Agent 效率分布分化较大,其中一部分分布在效率较高区间,另一部分分布在效率较低区间,中间部分的较少,因此标准差较大;返回熟悉出口的 Agent 效率虽均值较低,但高效率与低效率的分布差异小于环境寻路策略。可以认为不同策略 Agent 的寻路表现与实验中不同策略参与者的寻路表现有一定相似性。

　　通过上述测试,可以认为 BUCBEvac 通过不同预设策略的 Agent 行为能够在一定程度上模拟实验中参与者的疏散行为。 但基于预设策略的抽象方式与真实情况中寻路不确定性仍存在一定偏差,在真实情况下,疏散者总是受到多种因素的影响,在不同条件下权衡可能的方案并做出决策,这种决策即使可以用某种主导的策略来解释,但仍然是受多种因素影响、不断调整的动态过程,真实的疏散寻路过程也因为人员的动态心理变化而对外部影响因子产生不同的反馈,这些方面仍需大量的基础研究以改进模型。

2. 测试 8:环境因子对寻路行为的影响

第二项与实验结果的对比测试是关于环境因子对寻路行为的影响,与实验小节 5.4 节中前两个场景进行对比。 场景设置如图 7.15 所示,完全按照第 5 章实验三的虚拟场景 1 和 2 进行设置(图 5.23)。 Agent 生成于两个场景的 S 点,通过两次寻路决策后可到达出口。 场景 1 的路径不包含额外的环境信息,只是路径本身的方向信息对 Agent 寻路产生影响,场景 2 包含了较宽通道和明亮通道,分别与常规通道形成路径选择对照。 所有生成的 Agent 均为环境寻路策略类型,其他属性如速度、个体尺寸按模型中内置的分布生成。 在一次仿真中,每轮生成 5 个 Agent 触发疏散,直到完成对应实验场景的样本量。每个场景进行 5 次仿真,取结果的均值与实验数据进行对比。 预期的结果是 Agent 在不同决策点的路径选择比例与实验结果相近。

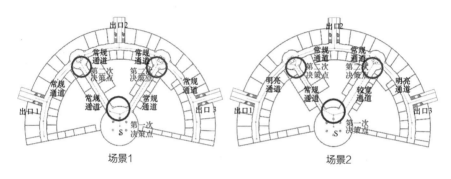

图 7.15 测试 8 场景设置

图 7.16 为场景 1 某次仿真结果所有 Agent 轨迹与原实验结果的轨迹对比。 由于

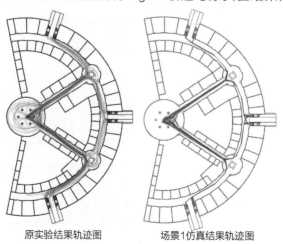

原实验结果轨迹图   场景 1 仿真结果轨迹图

图 7.16 场景 1 疏散轨迹对比

Agent的运动路径轨迹重复度较高，从轨迹图上选择左右路径的 Agent 数量差距无法区分，频数统计上每次仿真中两种路口右侧的轨迹数量均多于左侧的轨迹。 表 7.4 为仿真结果 Agent 左右路径选择的百分比与原实验结果对比，由于模型中对路径方向影响（如左右影响）并未做更细致的区分，Agent 面对实验中的 Y 形路口和 T 形路口的左右路径均是相同的选择概率，模型中影响左右选择的权重比值是由实验 5.3 和实验 5.4 中的实验数据均值得到。 仿真结果中两个路口的左右选择百分比得到了相同的结果，如表 7.4，5 次仿真结果 Y 形路口的标准差为 5.03%，T 形路口的标准差为 4.03%，仿真数据与实验数据中 Y 形和 T 形的平均值十分接近，因此路径方向信息对疏散影响的仿真结果符合预期。

场景 1 不同路口选择百分比对比 表 7.4

	Y 形路口		T 形路口	
	左	右	左	右
原实验	41.10%	58.90%	36.99%	63.01%
仿真结果	39.27% ± 5.03%	60.73% ± 5.03%	39.27% ± 4.03%	60.73% ± 4.03%

图 7.17 为场景 2 某次仿真结果所有 Agent 轨迹与原实验结果的轨迹对比，从中可较为明显地看出仿真结果中在第一个路口选择较宽通道的轨迹数量明显多于另一条路径，第二个路口选择明亮通道的轨迹数量明显多于另一条常规通道，与实验结果一致。 表 7.5 为仿真结果 Agent 在不同路口路径选择的百分比与原实验结果对比，仿真结果均值与实验

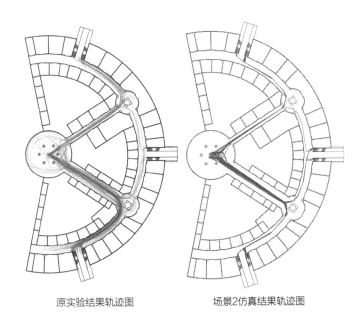

原实验结果轨迹图   场景2仿真结果轨迹图

图 7.17 场景 2 疏散轨迹对比

结果几乎一致，偏差不到 2%，5 次仿真结果的标准差在 4% 以内，因此路径的环境信息对疏散影响的仿真结果符合预期。

场景 2 不同路口选择百分比对比

表 7.5

	通道宽度		通道照度	
	较宽	常规	明亮	常规
原实验	77.92%	22.08%	86.18%	13.82%
仿真结果	76.29% ± 2.71%	23.71% ± 2.71%	85.71% ± 3.43%	14.29% ± 3.43%

7.2 案例分析

人员疏散仿真已经成为消防性能化设计中的重要工具，本节将结合实际案例说明 BUCBEvac 辅助设计师在实际地下商业建筑消防安全设计中人员疏散评估和设计优化的应用方法。

人员疏散评估的核心是疏散时间，人员疏散的优化设计通常包括不同的建筑布局、设备优化和人员管理等措施。建筑师在对具体项目的人员疏散性能进行优化设计时通常会设定一个基准的疏散情景，包括建筑物的物理布局、出口特征、环境线索、人员数量、社会因素及分布等，然后对比其他情形下的仿真结果以评估不同的设计措施。

通常采用以下几个指标评估不同的仿真结果：

（1）疏散时间。疏散时间是评估建筑物人员疏散性能的最基础指标，疏散时间包括整体疏散时间、预动作时间和疏散运动时间。BUCBEvac 能够记录每个 Agent 的单独每项疏散时间指标，并能够分类别（Agent 疏散策略）地对疏散时间指标的描述统计、概率分布、累积分布进行图表分析。

（2）人群密度。在仿真过程中进行人群密度的分析以找出疏散路径上的潜在拥堵点，BUCBEvac 能够随时暂停仿真并输出每个 Agent 的位置，提供当前时刻 Agent 分布密度图。

（3）出口性能。安全出口是建筑物疏散安全的关键组成部分，出口的几何因素（尺寸等）、分布位置对疏散性能有较大影响。通过分析 Agent 的路径轨迹，能够分析出口的访问情况，包括出口区域的人员密度、出口疏散人员的比例等，以确定某个出口是否有负载过大或未有效使用等情况。

7.2.1　复杂地下商业建筑的人员疏散性能评估

案例 1 是对一个内部布局复杂的地下商业建筑人员疏散性能评估。 它是以重庆市三峡广场某地下商业街内部布局为参考制作，原布局中有多个商业街相互连通，面积巨大，出于计算性能的考虑选取了其中一部分作为仿真案例。 图 7.18 为该建筑的整体布局，商业区域营业面积约 5000m²，有 6 个可用于消防疏散的出口，分别是位于南北侧有自动扶梯的主出入口 1、2，位于采光中庭的出入口，位于场景西侧的出入口 4、5 和位于东侧的出入口 6。 在环境影响特征方面主要是通道相对宽度和采光中庭。 建筑内的通道主要有2.4m、2.8m 和 3.4m 三种类型，图中的绿色路径标识了 3.4m 的主通道的位置，连通了各个出入口，将其设为模型中的较宽通道。 中庭区域由南北侧 2 个门进入，其他区域无法直接看到采光中庭。

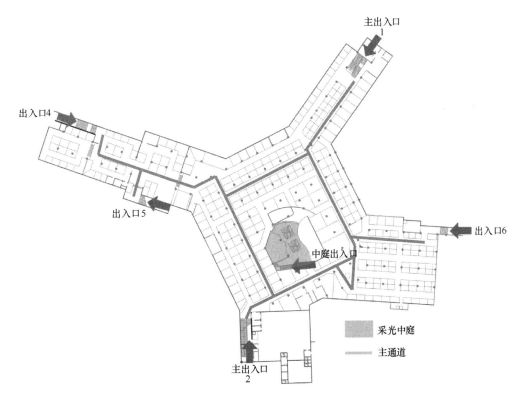

图 7.18　案例 1 地下商业建筑平面图

场景模型的网络图和决策点设置如图 7.19 所示，由于 2 个主出入口连通地上人口较为密集的街道，我们假设所有进入该地下商业建筑人员的熟悉出口为这两者中的一个。

为减小不同仿真情景的偏差，Agent 的策略按比例设置，结合调研和实验中的情况，最短路径疏散、跟随标志疏散、返回熟悉出口和基于环境寻路的 Agent 占比分别为 0.3、0.4、0.2 和 0.1，其他属性按模型中内置的分布生成（见6.2.3节），开启预动作时间模拟。假定消防报警在 $t=0$ 时刻触发，在此之前 Agent 随机在场景中探索。

下面的分析中，首先模拟一个基准情景，该情景对整个商场内人员密度负荷正常（共 400 个 Agent，约 0.08 人/m²）的情况进行仿真，随后介绍 3 种比较方案的仿真结果，分析不同条件对疏散性能的影响。

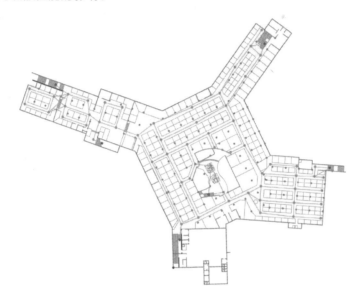

图 7.19　案例 1 场景设置

1. 基准情景

基准情景中总共生成 400 个 Agent，Agent 之间没有群组关系，Agent 的疏散策略按本书第 7 章中介绍的比例方式生成。在 Agent 触发疏散行为之前，它们按一定速率从各个决策点位置生成并随机走向其他的任意一个决策点位置，让疏散行为触发时场景内能尽量均匀和随机地分布 Agent。基准情景中的 Agent 设置参数汇总见表 7.6。

结果表明在该密度负荷下，Agent 疏散时间更多地受到 Agent 的疏散延迟、疏散策略选择和 Agent 位置、自身运动速度等因素的控制，路径或出口处的拥堵并不成为 Agent 疏散时间的决定性因素。图 7.20[①] 为基准情景中 Agent 疏散时间的累积分布，Agent 撤离速度在 $t=100$s 以前速率较为稳定，在 $t=100$s 以后速率显著变慢。图 7.21 为仿真中不同

---

① 因每次仿真都存在随机因素，案例研究中每个情景均进行了 5 次仿真，单个图表分析的主要采用其中 Agent 平均疏散时间为中位数的仿真结果进行，后文相同。

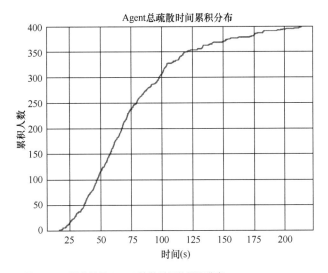

图 7.20　基准情景 Agent 疏散时间的累积分布

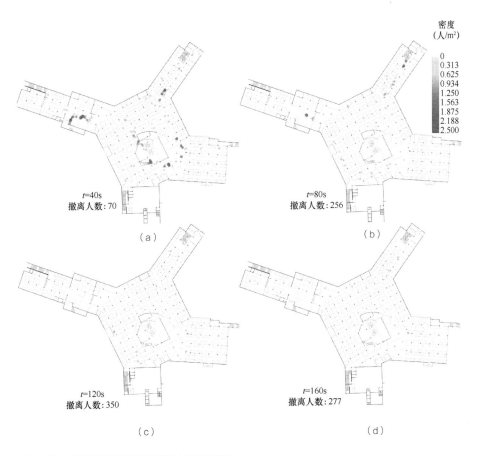

图 7.21　基准情景不同仿真时刻的人员密度分布

时刻场景中的 Agent 密度分布，在 $t = 40s$ 时，在中间采光中庭区域，右侧主通道、上部主通道和出入口 5 位置出现部分拥堵，在 $t = 80s$ 时，拥堵情况大幅减缓，出入口 5 和主出入口 1 位置有少量拥堵，随后场景中的拥堵情况不再持续，并且观察到一些 Agent 仍分布在场景中的各个位置寻找出口。 因此，可以认为拥堵状况只是暂时阻碍了疏散过程中的交通，但并没有较为严重地延迟 Agent 的疏散时间。

基准情景 Agent 参数设置   表 7. 6

Agent 属性	类别	比例或分布*
性别	男性、女性	模型内置
身体尺寸	成年男性、成年女性、儿童、中老年	模型内置
运动速度	成年男性、成年女性、儿童、中老年	模型内置
策略	最短路径疏散、跟随标志疏散、返回熟悉出口和基于环境寻路	0. 3 : 0. 4 : 0. 2 : 0. 1
小群体	关闭	—
预动作时间	开启	模型内置

* 模型内置的参数分布或比例参见本书 7. 2. 3 小节以及表 7. 2、表 7. 3。

由于不同 Agent 具有不同的疏散策略，返回熟悉出口和环境寻路的 Agent 的寻路过程存在随机性，有少量 Agent 的疏散时间由于寻路过程不顺而较长，这些少量 Agent 的寻路时间决定了整个建筑物的疏散时间。 在对比不同情形下的疏散性能时，研究中也将对比 95%Agent 疏散完成的时间。

不同策略人员的疏散寻路时间描述统计（图7. 22）表明，选择最近出口的Agent花

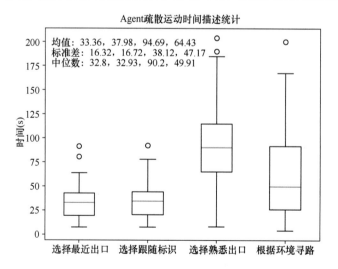

图 7. 22 不同策略 Agent 运动时间描述统计对比

费了更少的时间用于寻路，选择跟随标志的 Agent 与之差别不大，平均时间约多 4s，选择环境寻路的 Agent 平均疏散寻路时间达到了最短路径策略 Agent 的 2 倍，而选择熟悉出口的 Agent 花费了更长的时间，是最短路径策略 Agent 的 3 倍。

对单个 Agent 的预动作时间与疏散时间分析（图 7.23a）可以看出，基准情景模拟中 Agent 的预动作时间和疏散时间呈现正相关性，皮尔森系数 0.503 相关性较强。可以认

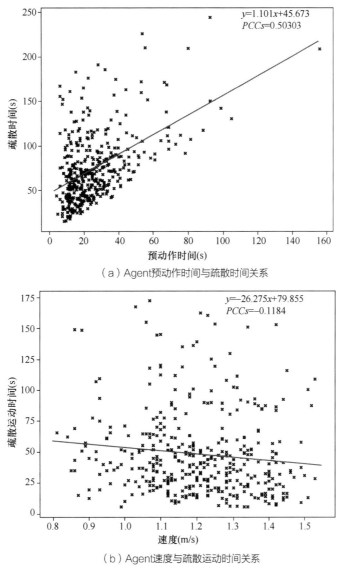

（a）Agent预动作时间与疏散时间关系

（b）Agent速度与疏散运动时间关系

图 7.23　疏散时间与相关因素的关系

为人员的疏散延迟明显延长了其总体疏散时间,因此在实践中可以通过减少预动作时间来改善总体疏散数据。Agent速度与疏散运动时间的关系如图7.23(b)所示,该图确认了Agent速度与疏散时间负相关(皮尔森系数=-0.1184),速度越大,疏散过程中的运动时间将减少。

　　由于Agent选择出口的策略不同,因此场景中的出口负荷状态不均。表7.7列出了5次仿真结果的各项指标均值和标准差统计信息。主出入口1和中庭出入口疏散了超过一半的人群,这主要是它们的位置决定的,同时这2个出口会被环境寻路Agent和返回熟悉出口Agent使用。出入口4仅疏散了5%左右的人群,这主要是因为它与出入口5的位置较为接近,从建筑中间部分进入左侧区域的大部分人员都会选择出入口5,而其仅能辐射位于左侧区域的这小块部分的Agent。图7.24的总体轨迹点密度图[①]也证实了出入口符合的偏向,疏散过程中Agent的轨迹流量主要发生在主出入口1、中庭出入口和出入口5这3个出口位置及其路径上,拥挤现象也容易出现在这些位置。

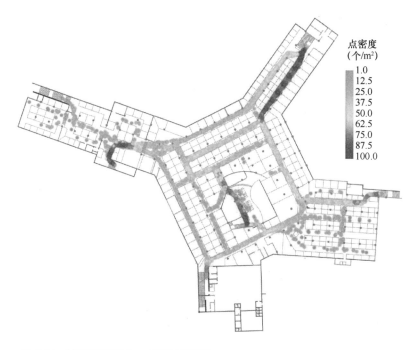

图7.24　基准场景总体Agent轨迹点密度图

　　基准情景仿真结果表明,人员疏散时间受预动作时间的延迟和运动速度影响,建筑内

---

　　① 　该图基于所有Agent的轨迹生成,采用不同颜色统计Agent路径轨迹的定时等分点密度,能够体现不同路径的流量特征和路径上的拥堵情况。

总体疏散时间与最后一小批人员的寻路时间过长有关，主要是企图返回熟悉出口的人员和根据室内环境特征寻找出口的人员可能有较长的寻路时间，在当前建筑人员密度情形下，瓶颈拥堵并没有较多地影响人员的疏散时间。根据基准情景结果，可以提出几个问题：

基准情景疏散性能指标统计 表7.7

指标		统计结果
平均疏散时间（s）		73.64±1.71
平均预动作时间（s）		25.51±0.62
疏散总时间（s）		227.00±9.81
95%完成疏散时间（s）		155.82±9.33
出口使用情况	主出入口1	24.28%±1.89%
	主出入口2	14.31%±1.74%
	中庭出入口	26.63%±1.05%
	出入口4	5.46%±0.86%
	出入口5	16.72%±1.19%
	出入口6	12.61%±2.15%

（1）如果增加人员的数量，疏散时间是否会相应显著增加，每个人平均疏散时间和总体时间是否与人数的增加呈现某种关系，例如线性关系？在这种情况下，行人流的交通拥堵是否成为影响疏散时间的主导因素？

（2）由于地下商业建筑中的人员很多是以家庭或朋友关系组成的小群体，小群体行为如何影响疏散性能？

（3）通过加强火灾报警管理，减少预动作时间，整体疏散时间会受到什么影响？

下面对上述3种情形进行仿真并与基准情景对比，判断这些因素对该地下商业建筑疏散性能的影响。

2. 情景1：人员数量增加

情景1中，将Agent数量增加50%，总共600个Agent进行模拟，商场内人员密度达到约0.12人/m²。其他参数设置与基准情景相同。

情景1的仿真结果表明，Agent的平均疏散和整体疏散时间相对于基准情景都有所增加。表7.8统计了情景1的各项疏散性能指标和基准情景的对比，可以看出Agent平均疏散时间增加了约10s，增幅为13.3%，相对于Agent数量的50%增加不是线性比例，总体疏散时间和95%Agent疏散时间的增幅分别为36.1%和15.9%，也并非呈现线性增加比例。各出口的使用比例没有明显差异。

图 7.25 为情景 1 与基准场景的 Agent 疏散时间累积分布图对比，可以看出当人员数量增加时，在前期的疏散速率显著高于人员较少时的情景，这是因为人员密度较高的情景让出口流速达到饱和状态，在 t 约为 80s 时速率开始下降。情景 1 的总体疏散时间受到了最后几个 Agent 寻路时间过长的大幅影响，因为此情景下返回熟悉出口和根据环境寻路的 Agent 数量增加，最后几个 Agent 对整个场景的大部分路径都进行了探索后才找到出口。这种疏散过程中的"长尾效应"在真实疏散事故中也有报道，少数个体因为被通知较晚、行动力差或者选择了较长的路径而导致疏散时间比其他个体长许多[214]，但这方面的理论目前并没有较深入的发展。从模拟结果可以认为，在一定复杂度的建筑内，少数人员会花更长的时间才能完成疏散，这些人员决定了整体的疏散时间，当疏散人数增加时，疏散"长尾时间"也会增加。

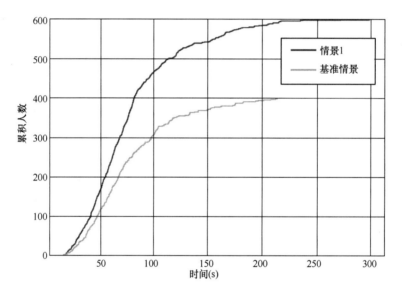

图 7.25　Agent 疏散时间的累积分布对比

图 7.26 为 $t=40s$ 和 $t=80s$ 两个时刻场景中的人员密度分布情况，与基准情景相比在 $t=40s$ 时，场景中的人群拥堵处分布类似，但密度相对更高，$t=80s$ 时，在主要的 3 个疏散出口（主出入口 1、中庭出入口和出入口 4）位置和部分路径上仍持续有拥堵存在，路径上的拥堵限制了出口处的流速，同时由于出口使用不均衡也一定程度上导致了整体疏散速率的下降。

通过对人员数量增加的情景模拟可知，地下商业建筑的疏散性能在人员增加后因路径和出口本身的流速限制，人群拥堵情况开始成为影响人员疏散时间的因素，并且可以推论，随着人员密度增大，拥堵对疏散时间的影响会变大。地下商业建筑消防疏散管理应

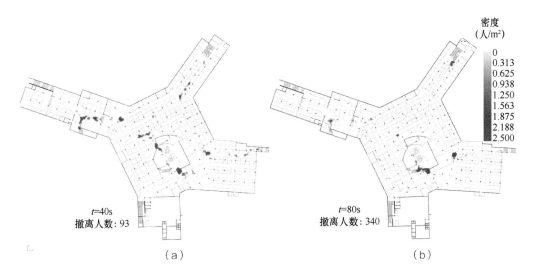

图 7.26　情景 1 不同仿真时刻的人员密度分布

考虑人员密度来采取相应的干预措施，改善出口处和疏散路径中的潜在瓶颈点，减少拥堵情况；同时应创建良好的出口位置引导措施，包括出口分布、标志设置、环境改善、配备疏散引导员等缩短人员的疏散寻路时间。

<table>
<tr><td colspan="3" style="text-align:left">情景 1 疏散性能指标与基准情景对比</td><td style="text-align:right">表 7. 8</td></tr>
<tr><td colspan="2">指标</td><td>基准情景</td><td>情景 1：人员数量增加</td></tr>
<tr><td colspan="2">平均疏散时间（s）</td><td>73. 64 ± 1. 71</td><td>83. 49 ± 4. 77</td></tr>
<tr><td colspan="2">平均预动作时间（s）</td><td>25. 51 ± 0. 62</td><td>25. 71 ± 0. 62</td></tr>
<tr><td colspan="2">疏散总时间（s）</td><td>227. 00 ± 9. 81</td><td>308. 93 ± 14. 57</td></tr>
<tr><td colspan="2">95% 完成疏散时间（s）</td><td>155. 82 ± 9. 33</td><td>180. 52 ± 10. 86</td></tr>
<tr><td rowspan="6">出口使
用情况</td><td>主出入口 1</td><td>24. 28% ± 1. 89%</td><td>23. 69% ± 1. 55%</td></tr>
<tr><td>主出入口 2</td><td>14. 31% ± 1. 74%</td><td>13. 39% ± 1. 77%</td></tr>
<tr><td>中庭出入口</td><td>26. 63% ± 1. 05%</td><td>27. 24% ± 2. 66%</td></tr>
<tr><td>出入口 4</td><td>5. 46% ± 0. 86%</td><td>4. 79% ± 0. 76%</td></tr>
<tr><td>出入口 5</td><td>16. 72% ± 1. 19%</td><td>17. 86% ± 0. 78%</td></tr>
<tr><td>出入口 6</td><td>12. 61% ± 2. 15%</td><td>13. 02% ± 1. 08%</td></tr>
</table>

3. 情景 2：小群体影响

在调研中发现，在地下商业建筑中的人员有相当比例都是以小群体形式进入。在情景 2 中，将其中一半的 Agent 设定为小群体模式，小群体规模为随机 2～4 人。在 BUCBEvac 中，小群体中的 Agent 在疏散时会遵循整体行动的模式，群体之间的疏散策略一致，同时它们会等待队友以保持在行动时相互接近。

表7.9为小群体情景与基准情景的疏散性能对比，可以认为小群体存在会增加 Agent 的疏散时间，但不会影响总体疏散时间。 Agent 平均疏散时间比基准情景增加约 6%，95%Agent 疏散时间比基准情景增加约 5%，总疏散时间比基准情景要少 10s，标准差更大，可以认为由于社会因素的影响，参与独立寻路决策的 Agent 数量变少，疏散"长尾时间"会变少。 由于不同出口的使用情况没有明显差异，从该情景的总体轨迹点密度图（图 7.27）可以看出，与基准情景相比，小群体的存在加剧了中间部分路径的拥堵情况，是造成 Agent 平均疏散时间延长的主要原因。

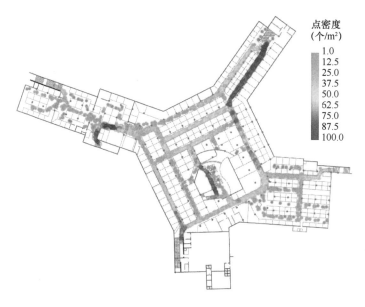

图 7.27　小群体场景总体 Agent 轨迹点密度图

情景2疏散性能指标与基准情景对比　　　　　　　　　　表7.9

指标		基准情景	情景2：小群体影响
平均疏散时间（s）		73.64 ± 1.71	78.16 ± 1.80
平均预动作时间（s）		25.51 ± 0.62	26.21 ± 1.42
疏散总时间（s）		227.00 ± 9.81	216.89 ± 14.57
95%完成疏散时间（s）		155.82 ± 9.33	163.41 ± 10.31
出口使用情况	主出入口1	24.28% ± 1.89%	21.25% ± 2.83%
	主出入口2	14.31% ± 1.74%	12.17% ± 2.39%
	中庭出入口	26.63% ± 1.05%	27.67% ± 1.53%
	出入口4	5.46% ± 0.86%	5.67% ± 1.04%
	出入口5	16.72% ± 1.19%	17.83% ± 1.19%
	出入口6	12.61% ± 2.15%	15.41% ± 1.98%

情景 2 的仿真结果表明，小群体存在与独立疏散个体相比会导致疏散路径中的更多拥堵，从而导致平均疏散时间延迟。另外，小群体的社会影响会减少疏散中的"长尾时间"。因此，社会因素对疏散行为的影响还需进行更多的底层研究，地下商业建筑的消防疏散性能评估不应将人员视为无联系的个体，应当考虑人员以团体形式进行疏散时可能带来的额外拥堵和其他行为影响。

4. 情景 3：改善预动作时间

基准情景的仿真结果已表明，预动作时间对人员平均疏散时间和总体疏散时间有较大影响。在情景 3 中，设定了 2 种方法对比减少人员预动作时间对疏散时间和疏散性能的影响：第一种是假设由于地下商业建筑提升消防管理水平，每个人的预动作时间变成原来的 0.7 倍，该情景下 Agent 预动作时间频率分布与基准场景对比如图 7.28 所示；第二种是假设所有人员都受到严格的消防安全培训，在火灾报警响起后所有人员立即开始疏散，预动作时间为 0。

仿真结果表明，改善预动作时间对疏散性能的影响几乎呈线性关系。对于 0.7 倍原预动作时间的情景，Agent 平均预动作时间减少 7.7s，Agent 平均疏散时间减少 5.3s，总疏散时间减少约 6.1s，95%Agent 疏散时间减少 10.3s，该方案因预动作时间改善有限，因此总体时间改善也有限（表 7.10）。对于立即疏散情景，Agent 平均疏散时间减少 26.4s，总疏散时间减少约 25.9s，95%Agent 疏散时间减少 37.4s，疏散性能得到了显著改善。2 个情景中，各项疏散性能指标的减少幅度总体与预动作时间减少幅度相当，可以认为在其他

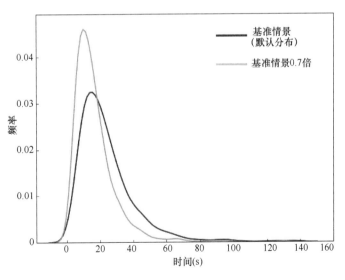

图 7.28   0.7 倍与默认预动作时间频率分布对比

条件相同的情况下，改善预动作时间对疏散性能的影响呈现线性关系。

从 Agent 疏散时间的累积分布对比图（图 7.29）可以看出，改善预动作时间可以提高疏散初期的整体疏散速率，立即疏散情景在约 $t = 15s$ 时即达到最大疏散速率状态，其他两个情景在约 $t=30s$ 后才达到最大疏散速率。并且立即疏散情景的最大流速高于其他 2 个情景，表明该情景让出口的疏散速率处于更饱和的状态。

情景 3 疏散性能指标与基准情景对比   表 7.10

指标		基准情景	情景 3：0.7 倍默认预动作时间	情景 3：立即疏散
平均疏散时间（s）		73.64 ± 1.71	68.31 ± 1.04	47.21 ± 1.20
平均预动作时间（s）		25.51 ± 0.62	17.81 ± 0.61	0
疏散总时间（s）		227.00 ± 9.81	220.89 ± 2.63	201.15 ± 5.39
95% 完成疏散时间（s）		155.82 ± 9.33	145.52 ± 4.53	118.43 ± 4.46
出口使用情况	主出入口 1	24.28% ± 1.89%	22.53% ± 1.46%	23.83% ± 1.88%
	主出入口 2	14.31% ± 1.74%	14.36% ± 1.34%	13.83% ± 1.39%
	中庭出入口	26.63% ± 1.05%	26.10% ± 1.52%	25.87% ± 1.72%
	出入口 4	5.46% ± 0.86%	6.15% ± 0.41%	5.29% ± 0.50%
	出入口 5	16.72% ± 1.19%	19.51% ± 0.66%	19.87% ± 0.76%
	出入口 6	12.61% ± 2.15%	11.35% ± 0.71%	11.31% ± 1.79%

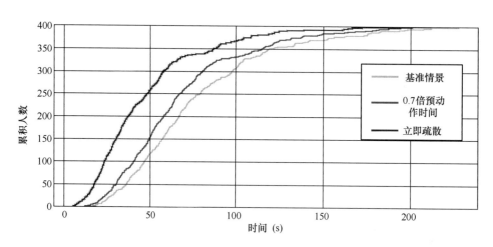

图 7.29　Agent 疏散时间的累积分布对比

                                             地下商业建筑人员消防疏散行为与建模

7.2.2 地下商业建筑消防疏散性能优化设计

案例 2 是采用 BUCBEvac 在对地下商业建筑进行人员疏散性能评估的基础上，找到设计中影响疏散性能的潜在问题，并进行布局优化。该案例的平面布局来自实地调研中的老成都三条巷，实地照片如图 7.30 所示，实地调研测绘平面如图 7.31 所示。该建筑东西约 98m，南北约 18m，商业区域建筑面积约 1700m²，有 6 个可用于消防疏散的出口，其中商场人流的主要出入口为沿街的主出入口 1 和通向另一个大型商场的主出入口 2，剩下 4 个为紧急出口。该建筑内东西向有 3 条主要的横向街道，从北至南分别为进宝巷、唐宋街和招财巷，有 2 条竖向的通道连通这 3 条街道。除了唐宋街右侧部分和竖向连通的通道外，其余街道均较窄，宽度为 1.65m 左右。场景决策网络设置如图 7.32 所示。

| 主入口 | 主入口内景 | 街道内景 |

图 7.30 老成都三条巷实地照片

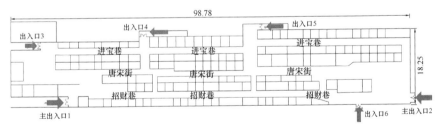

图 7.31 老成都三条巷测绘平面图

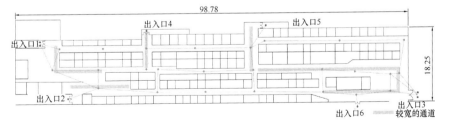

图 7.32 案例 2 现状的场景设置

下面首先介绍对现状的模拟，并通过对模拟结果的各项性能指标，包括疏散时间、路径流量密度和出口使用情况等进行分析，据此提出平面布局设计的优化方案并对比现状布局的疏散性能结果。

1. 现状仿真与分析

对该地下商业建筑现状的模拟中，总共生成了 300 个 Agent，Agent 的各项参数设置与案例 1 中的基准情景相同：Agent 没有群组关系，开启预动作时间，疏散策略按最短路径疏散、跟随标志疏散、返回熟悉出口和基于环境寻路的比例分别为 0.3、0.4、0.2 和 0.1 进行设置，其他参数同表 7.6。

5 次仿真结果的统计信息见表 7.11，Agent 平均疏散时间约为 56s，其中疏散寻路过程的平均时间约为 30s，总疏散时间均值约为 176s，总时间主要是由最后几个 Agent 的预动作时间决定的，模型内置的预动作时间分布条件下，少数 Agent 的预动作时间可能长达 150s 以上。由于出入口的位置分布导致出入口的使用状况不均，其中出入口 5 的退出人数占总人数的约 1/3，其次为主出入口 2 和出入口 4，超过 70% 的 Agent 选择了从这 3 个出入口退出。

现状仿真结果各项疏散性能指标 表 7.11

指标		统计结果
平均疏散时间（s）		55.85±3.03
平均预动作时间（s）		25.51±0.62
平均疏散运动时间（s）		30.34±2.77
疏散总时间（s）		176.06±8.24
95% 完成疏散时间（s）		120.35±3.96
出口使用情况	主出入口 1	15.47%±3.02%
	主出入口 2	20.6%±1.78%
	出入口 3	4.13%±1.27%
	出入口 4	19.60%±1.86%
	出入口 5	31.33%±3.47%
	出入口 6	8.87%±1.90%

对平均疏散时间为中位数的仿真结果进行具体分析，总体 Agent 疏散时间和各出入口 Agent 疏散时间累积分布如图 7.33 所示，从中可发现总体疏散效率的 2 次变化转折点与出入口 5 的疏散效率变化基本一致，而其他出入口的疏散效率经过早期的一段时间后便不

再处于饱和状态。由此可以认为出入口 5 的疏散效率较大程度地影响了总体的疏散效率，因此改善出入口 5 位置处的疏散效率对整体疏散效率会有一定改善。

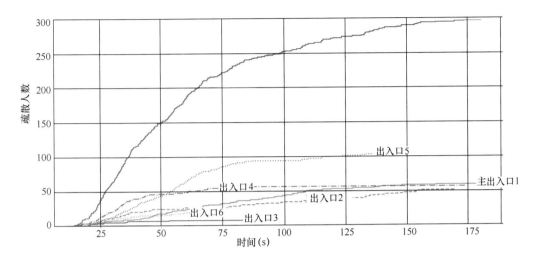

图 7.33　现状仿真结果总体 Agent 和各出入口 Agent 疏散时间累积分布图

图 7.34 的总体轨迹点密度图表明在出口 5 位置和附近的路径上有大量的 Agent 总流量和潜在拥堵情况，唐宋街的 Agent 流量显著大于另外 2 条通道，竖向通道与唐宋街和进宝巷的交叉位置（图 7.34 中的 A、B、C、D 位置）存在潜在的路径拥堵情况。从不同时刻的场景 Agent 分布密度图（图 7.35）能够证实这种推测：从 $t=20s$ 开始随着早期的少数 Agent 开始运动，在道路交叉位置开始出现拥堵情况，这种拥堵主要是由交叉向的行人流引起，直到 $t=40s$ 时，上述 4 个交叉点位置的 Agent 密度都显著高于其他位置。一直持续到 $t=60s$ 后，位于 D 点交叉口的拥堵才逐渐开始消退。在整个过程中，唐宋街的 Agent 密度也显著高于另外 2 条街道。因此需要优化路径中的拥堵情况以充分利用各个出口的疏散能力。

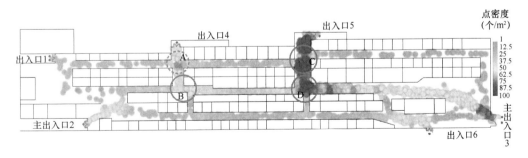

图 7.34　现状仿真结果总体 Agent 轨迹点密度图

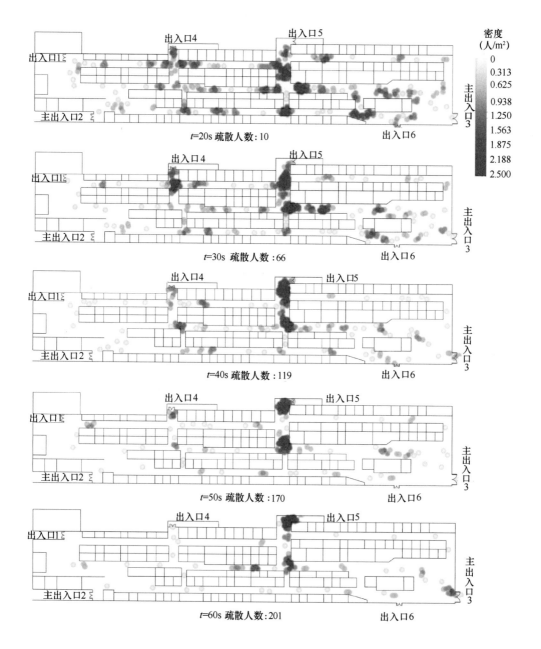

图 7.35　现状仿真不同时刻 Agent 分布密度

　　图 7.36 为不同策略 Agent 疏散运动所用时间的描述统计，其中最短路径策略 Agent 平均疏散运动时间最低，约 19.5s，其次为跟随标志策略 Agent，时间略多于最短路径策略，但环境寻路策略和选择熟悉出口策略的 Agent 平均疏散时间显著大于另外两种策略，

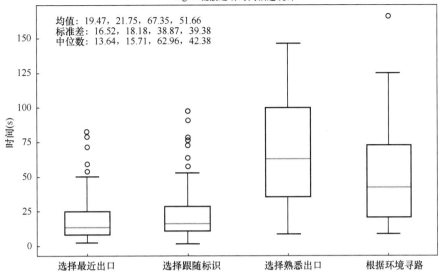

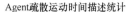

图 7.36　现状仿真不同策略 Agent 疏散运动时间对比

所用时间达到最短路径策略 Agent 的 3 倍和 2.5 倍。在 BUCBEvac 中，对于环境寻路策略 Agent，环境线索对出口提示的有效性能够改善其寻路正确性；对于选择熟悉出口策略的 Agent，它通常会寻找其记忆中的熟悉出口，并且在其他主出入口附近时它会选择该出口疏散，但非主出入口则会忽略，由于在现状设计中两个主出入口位置位于建筑内长边的东西两侧，相隔较远，导致该类型 Agent 寻找到相应出口的时间较长，可考虑将中间区域的出入口更改为主要出入口，这样该类型的 Agent 在中间位置感知到该出口时可直接选择该出口进行疏散，缩短寻路时间。

2. 布局优化对疏散性能的改善

通过对当前地下商业建筑现状布局的疏散性能仿真与分析，在保持原有整体平面框架和出入口分布的条件下，研究提出了 3 项改进目标以增强该建筑的人员消防疏散性能。

（1）增加出口 5 位置的疏散能力。由于出口 5 在整个场景中的位置，近 1/3 的人员都选择从该出口进行撤离，从仿真结果来看，相对于其他出口，该出口处于疏散饱和状态的时间远长于其他出入口。因此，在优化设计方案中加宽出口 5 的门和通道宽度，将原来的 1.5m 门和通道宽度改为 2.4m。

（2）减缓中间通道和几个道路交叉口处的拥堵情况。仿真过程中，中间通道即唐宋街的人员流量和密度分布显著高于其他 2 条主要通道，并且在几个交叉口位置出现拥堵。

现状布局中，唐宋街的宽度较窄，出现多次宽度变化，在横向与竖向通道交叉口位置出现宽度突变和交错等情况。因此，在优化设计方案中，将唐宋街的宽度整体调整为 2.2m，调整竖向通道与横向通道的交叉口位置，并且统一宽度。上述布局的调整仍保持了原商铺部分的面积。

（3）现状布局中的通道主次系统混乱，对出口的提示作用不利，在调整方案中形成了一套主通道体系，依托于上一条中对唐宋街的宽度调整和竖向通道的调整，主通道连通各个出入口位置。其次将出口 5 改成该商业街的主要出入口之一，以缩短选择熟悉出口策略人员的寻路时间。

优化后的平面布局如图 7.37 所示。

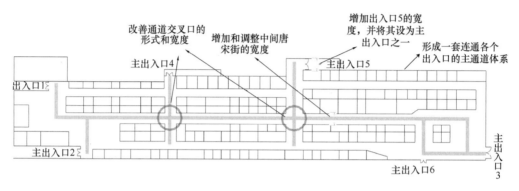

图 7.37　案例 2 优化方案平面布局

表 7.12 为优化后的布局与现状在疏散性能指标上的对比，优化后的方案在各项疏散性能上的改善是显著的，Agent 平均疏散时间从 56s 减少到 48s，缩短了约 14.3%，并且这是在预动作时间没有改善的情况下取得的，Agent 的疏散运动时间从平均 30s 减少到 22s，减少幅度近 26.7%。整体疏散时间减少 26s，缩短约 15.1%，95%Agent 疏散时间减少 27s，缩短约 22.5%。出入口的使用情况也出现变化，位于中间位置的主出入口 5、出入口 4 和出入口 6 成为最主要的 3 个疏散出口，疏散人数占 70% 以上。

从中位数仿真结果的 Agent 疏散时间累积分布（图 7.38）对比可以看出，调整后的方案在整体疏散效率上要高于现状布局，并且疏散速率在更长时间内保持无明显降低，表明优化后的方案不仅出口的整体疏散效率提高，并且路径中的拥堵情况也得到了改善。从不同策略 Agent 疏散运动时间描述统计（图 7.39）可以看出，各种策略 Agent 的平均疏散运动时间都得到改善，特别是选择熟悉出口和根据环境寻路两种策略得到较大幅度改善。

　地下商业建筑人员消防疏散行为与建模

优化方案与现状布局各项疏散性能指标对比   表 7. 12

指标		现状布局	优化方案
平均疏散时间（s）		55. 85 ± 3. 03	48. 44 ± 1. 47
平均预动作时间（s）		25. 51 ± 0. 62	26. 46 ± 0. 44
平均疏散运动时间（s）		30. 34 ± 2. 77	21. 98 ± 1. 33
疏散总时间（s）		176. 06 ± 8. 24	149. 55 ± 8. 17
95%完成疏散时间（s）		120. 35 ± 3. 96	93. 32 ± 2. 56
出口使用情况	主出入口 1	15. 47% ± 3. 02%	12. 40% ± 1. 65%
	主出入口 2	20. 6% ± 1. 78%	11. 53% ± 1. 97%
	出入口 3	4. 13% ± 1. 27%	4. 47% ± 1. 59%
	出入口 4	19. 60% ± 1. 86%	20. 33% ± 3. 60%
	出入口 5	31. 33% ± 3. 47%	35. 47% ± 3. 76%
	出入口 6	8. 87% ± 1. 90%	15. 80% ± 1. 56%

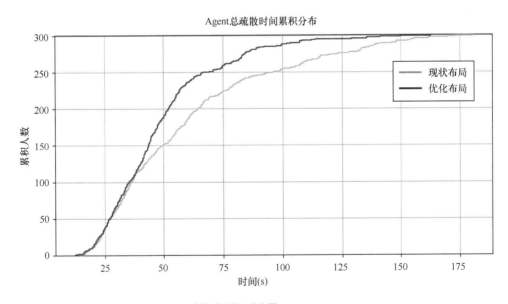

图 7.38 优化方案和现状布局 Agent 疏散时间累积分布图

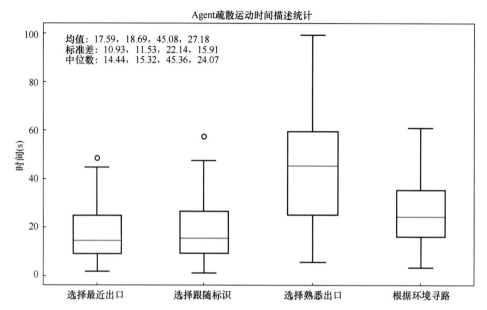

图 7.39　优化布局不同策略 Agent 疏散运动时间对比

参考文献

REFERENCE

[1]   BROERE W. Urban underground space: Solving the problems of today's cities [J]. Tunnelling and Underground Space Technology, 2016, 55: 245 -248.

[2]   钱七虎. 城市可持续发展与地下空间开发利用 [J]. 地下空间, 1998, 18 (2): 69-74.

[3]   刘新荣, 王永新, 孙辉, 等. 城市可持续发展与城市地下空间的开发利用 [J]. 地下空间, 2004, 24 (s1): 585-588.

[4]   袁红, 沈中伟. 地下空间功能演变及设计理论发展过程研究 [J]. 建筑学报, 2016 (12): 77-82.

[5]   BOBYLEV N. Underground space as an urban indicator: measuring use of subsurface [J]. Tunnelling and Underground Space Technology, 2016, 55: 40-51.

[6]   MAGSINO S L, GILBERT P H, ARIARATNAM S T, et al. Underground engineering for sustainable urban development [C] //Geo - Congress 2014: Geo - characterization and Modeling for Sustainability. 2014: 3861-3870.

[7]   李英民, 王贵珍, 刘立平, 等. 城市地下空间多灾种安全综合评价 [J]. 河海大学学报: 自然科学版, 2011, 39 (3): 285-289.

[8]   杨远. 城市地下空间多灾种安全综合评价指标体系与方法研究 [D]. 重庆: 重庆大学, 2009.

[9]   STERLING R, NELSON P. City resiliency and underground space use [M] //ZHOU Y, CAI Z, STERLING R. Advances in Underground Space Development. Singapore: Research Publishing, 2013.

[10]   AMBERG F, BETTELINI M. Safety challenges in complex underground infrastructures [M] //CAI Z, STERLING. Advances in Underground Space Development: Advances in Underground Space Development. Singapore: Research Publishing, 2013.

[11]   丁建华. 城市地下商业街应对火灾事故的安全疏散设计研究 [D]. 哈尔滨: 哈尔滨工业大学, 2008.

[12]   JEON G, HONG W. Characteristic features of the behavior and perception of evacuees from the Daegu Subway fire and safety measures in an underground fire [J]. Journal of Asian Architecture and Building Engineering, 2009, 8 (2): 415-422.

[13]   李欣阳. 地下商业建筑消防疏散预动作时间研究 [D]. 重庆: 重庆大学, 2018.

[14]   冯昱. 基于疏散行为的地下商业建筑消防疏散优化设计研究 [D]. 重庆: 重庆大学, 2017.

[15]   梁苹苹. 下沉式广场作为地下商场防火分隔的有效性研究 [D]. 沈阳: 沈阳航空航天大学, 2014.

[16] JOHN L, BRYAN A. Selected historical review of human behavior in fire [J]. Fire Protection Engineering, 2002, 16.

[17] KOBES M, HELSLOOT I, DE VRIES B, et al. Building safety and human behaviour in fire: a literature review [J]. Fire Safety Journal, 2010, 45 (1): 1-11.

[18] SIME J D. Escape behaviour in fires: panic or affiliation [D]. Guildford, UK: University of Surrey, 1984.

[19] BRYAN J L. Behavioral response to fire and smoke [M] //DiNenno P et al. SFPE handbook of fire protection engineering. Quincy, Massachusetts: National Fire Protection Association, 2002: 42.

[20] HELBING D, JOHANSSON A. Pedestrian, crowd and evacuation dynamics [M] //MEYERS R A. Encyclopedia of complexity and systems science. New York: Springer, 2009: 6476-6495.

[21] BRYAN J L. A study of the survivors reports on the panic in the fire at the Arundel Park hall in Brooklyn, Maryland on January 29, 1956 [R]. City of College Park, M D: University of Maryland, 1957.

[22] NILSSON D, JOHANSSON M, FRANTZICH H. Evacuation experiment in a road tunnel: a study of human behaviour and technical installations [J]. Fire Safety Journal, 2009, 44 (4): 458-468.

[23] SIME J D. Affiliative behaviour during escape to building exits [J]. Journal of Environmental Psychology, 1983, 3 (1): 21-41.

[24] OUELLETTE M. Visibility of exit signs [J]. Progressive Architecture, 1993 (7): 39-42.

[25] BENTHORN L, FRANTZICH H. Fire alarm in a public building: how do people evaluate information and choose an evacuation exit? [J]. Fire and Materials, 1999, 23 (6): 311-315.

[26] FAHY R F, PROULX G. Toward creating a database on delay times to start evacuation and walking speeds for use in evacuation modeling [C] //2nd International Symposium on Human Behaviour in Fire. Hampshire: Interscience Communications Ltd, 2001: 175-183.

[27] FAHYAN S E. The 9/11 commission report: final report of the National Commission on Terrorist attacks upon the united states [M]. Washington D C: Government Printing Office, 2012.

[28] HALL J. Are we prepared to support decision-making on the major themes [C] //Human Behaviour in Fire Symposium. Belfast: Interscience Communications Ltd, 2004.

[29] O'CONNOR D J. Integrating human behavior factors into design an examination of behaviors that increase or reduce harm from fires [J]. Fire Protection Engineering, 2005, 28: 8.

[30] GERSHON R R, QURESHI K A, RUBIN M S, et al. Factors associated with high-rise evacuation: qualitative results from the World Trade Center evacuation study [J]. Prehospital and Disaster Medicine, 2007, 22 (3): 165-173.

[31] KOBES M, HELSLOOT I, DE VRIES B, et al. Study on the influence of smoke and exit signs on fire e-vacuation: analysis of evacuation experiments in a real and virtual hotel [C] //Proceedings of the 12th International Fire Science & Engineering Conference. London: Interscience Communications Ltd, 2010: 801-812.

[32] COLANGELI S. Management of an emergency evacuation: a leader's perspective: number 1 [R]. Cassino FR, Italy: University of Cassino and Southern Lazio, 2012.

[33] KULIGOWSKI E D, GWYNNE S M V. The need for behavioral theory in evacuation modeling [M] // KLINGSCH WWF, ROGSCHC, SCHADSCH NEIDERA, et al. Pedestrian and evacuation dynamics 2008. Berlin: Springer, 2010: 721-732.

[34] PELECHANO N, MALKAWI A. Evacuation simulation models: challenges in modeling high rise building evacuation with cellular automata approaches [J]. Automation in construction, 2008, 17 (4): 377-385.

[35] RÜPPEL U, SCHATZ K. Designing a bim-based serious game for fire safety evacuation simulations [J]. Advanced Engineering Informatics, 2011, 25 (4): 600-611.

[36] KULIGOWSKI E D. Modeling human behavior during building fires [R]. Gaithersburg: NIST, 2008.

[37] GALEA E R, SHARP G, LAWRENCE P, et al. Investigating the impact of occupant response time on computer simulations of the WTD north tower evacuation [C] //Conference proceeding Interflam 2007. New York: Wiley, 2007: 1435-1442.

[38] SANTOS G, AGUIRRE B E. A critical review of emergency evacuation simulation models [C] //Building Occupant Movement During Fire Emergencies. Gaithersburg, MD: Disaster Research Center, 2004: 25-54.

[39] FRANTZICH H. A model for performance-based design of escape routes [R]. Lund: Department of Fire Engineering, Lund University, 1994.

[40] LINDELL M K, PERRY R W. The protective action decision model: theoretical modifications and additional evidence [J]. Risk Analysis: An International Journal, 2012, 32 (4): 616-632.

[41] GALEA E R. Evacuation and pedestrian dynamics guest editorial-21st century grand challenges in evacuation and pedestrian dynamics [J]. Safety Science, 2012, 50 (8): 1653-1654.

[42] BUKOWSKI R W. Emergency egress strategies for buildings [C] //Interflam 2007 Interscience Communications. London: Interscience Communications, 2007: 367-377.

[43] BUKOWSKI R W. Progress toward a performance-based codes system for the united states [R]. Gaithersburg, MD: NIST, 1997.

[44] BLAICH P W. The benefits of behavioral research to the fire service: Human behavior in fires and emergencies [M]. Bloomington, IN: iUniverse, Inc, 2008.

[45] BUKOWSKI R W. Emergency egress from building part 1: history and current regulations for egress systems design [R] //Society of Fire Protection Engineers (SFPE).Zealand, 2008.

[46] PAULS J. Building evacuation and other fire-safety measures: some research results and their application to building design, operation, and regulation [C] //Man-Environment Interactions. Stroudsburg, Pennsylvania: National Research Council Canada, Division of Building Research, 1974: 167-177.

[47] PAULS J, JONES B. Building evacuation: research methods and case studies [M] //Fires and Human Behavior. London: John Wiley & Sons, 1980: 251-275.

[48] The building regulations 2010, fire safety, approved document b: SI 2010 No. 2214 [S]. London: Government of the United Kingdom, 2010.

[49] TUBBS J, MEACHAM B. Egress design solutions: a guide to evacuation and crowd management planning [M]. New Jersey: John Wiley & Sons, 2007.

[50] TOGAWA K. Study on fire escapes basing on the observation of multitude currents [R]. Tsukuba: Building Research Institute. Ministry of Construction, 1955.

[51] FRUIN J J. Pedestrian planning and design [R]. New York: Metropolitan Association of Urban Designers and Environmental Planners, 1971.

[52] PAULS J L. Building evacuation: research findings and recommendations [M] //Canter D. Fires and Hu-

man Behaviour. New York: John Wiley & Sons, 1980: 251-275.

[53] PAULS J L, FRUIN J J, ZUPAN J M. Minimum stair width for evacuation, overtaking movement and counterflow: technical bases and suggestions for the past, present and future [M] //WALDAU N, GATTERMANN P, KNOFLACHER H, et al. Pedestrian and Evacuation Dynamics 2005. Berlin, Heidelberg: Springer Berlin Heidelberg, 2007: 57-69.

[54] THOMPSON K D. Final reports from the nist World Trade Center disaster investigation [R]. Gaithersburg, MD: NIST, 2011.

[55] TEMPLER J. The staircase: studies of hazards, falls, and safer design [M]. Cambridge, MA: MIT Press, 1995.

[56] MEACHAM B J, MEACHAM B J. The evolution of performance-based codes and fire safety design methods [R]. Bethesda, MD: Society of Fire Protection Engineers, 1996.

[57] CAIRD R. Fire safety engineering: role in performance-based codes [C] //3rd Asia-Oceania Symposium on Fire Science and Technology. London, UK: International Association for Fire Safety Science, 1996.

[58] 李引擎. 建筑防火性能化设计 [M]. 北京: 化学工业出版社, 2005.

[59] BUCHANAN A. Implementation of performance-based fire codes [J]. Fire Safety Journal, 1999, 32 (4): 377-383.

[60] SHIELDS T, PROULX G. The science of human behaviour: past research endeavours, current developments and fashioning a research agenda [J]. Fire Safety Science, 2000, 6: 95-113.

[61] FRIDOLF K, NILSSON D, FRANTZICH H. Fire evacuation in underground transportation systems: a review of accidents and empirical research [J]. Fire Technology, 2013, 49 (2): 451-475.

[62] KINATEDER M, RONCHI E, NILSSON D, et al. Virtual Reality for fire evacuation research [C] //2014 Computer Science and Information Systems (FedCSIS 2014). Warsaw: IEEE, 2014: 313-321.

[63] LAWSON G. Predicting human behaviour in emergencies [D]. Nottingham: University of Nottingham, 2011.

[64] ZHAO C M, LO S M, ZHANG S P, et al. A post-fire survey on the pre-evacuation human behavior [J]. Fire Technology, 2009, 45 (1): 71-95.

[65] PETERS E R, MORITZ S, SCHWANNAUER M, et al. Cognitive biases questionnaire for psychosis [J]. Schizophrenia Bulletin, 2013, 40 (2) : 300-313.

[66] BURDEA G C, COIFFET P. Virtual Reality technology [M]. New Jersey: John Wiley & Sons, 2003.

[67] BENTE G, FEIST A, ELDER S. Person perception effects of computer-simulated male and female head movement [J]. Journal of Nonverbal Behavior, 1996, 20 (4) : 213-228.

[68] MAGUIRE E A, BURGESS N, O'KEEFE J. Human spatial navigation: cognitive maps, sexual dimorphism, and neural substrates [J]. Current Opinion in Neurobiology, 1999, 9 (2) : 171-177.

[69] WALLER D, HUNT E, KNAPP D. The transfer of spatial knowledge in virtual environment training [J]. Presence: Teleoperators and Virtual Environments 1998, 7 (2) : 129-143.

[70] GILLNER S, MALLOT H A. Navigation and acquisition of spatial knowledge in a virtual maze [J]. Journal of Cognitive Neuroscience, 1998, 10 (4) : 445-463.

[71] BERTOL D, FOELL D. Designing digital space: an architect's guide to Virtual Reality [M]. New Jersey: John Wiley & Sons, 1997.

[72] KORT Y A D, IJSSELSTEIJN W A, KOOIJMAN J, et al. Virtual laboratories: comparability of real and virtual environments for environmental psychology [J]. Presence: Teleoperators & Virtual Environments, 2003, 12 (4) : 360-373.

[73] SMITH S, ERICSON E. Using immersive game-based Virtual Reality to teach fire-safety skills to children [J]. Virtual Reality, 2009, 13 (2) : 87-99.

[74] GAMBERINI L, COTTONE P, SPAGNOLLI A, et al. Responding to a fire emergency in a virtual environment: different patterns of action for different situations [J]. Ergonomics, 2003, 46 (8) : 842-858.

[75] BOYLE L N, LEE J D. Using driving simulators to assess driving safety [J]. Accident Analysis & Prevention, 2010, 42 (3) : 785-787.

[76] RIECKE B E, VEEN H A V, BÜLTHOFF H H. Visual homing is possible without landmarks: a path integration study in Virtual Reality [J]. Presence: Teleoperators & Virtual Environments, 2002, 11 (5) : 443-473.

[77] KULIGOWSKI E D, REACOCK R D, HOSKINS B L. A review of building evacuation models [R]. Gaithersburg, MD: US Department of Commerce, National Institute of Standards and Technology, 2005.

[78] 杨立中. 建筑内人员运动规律与疏散动力学 [M]. 北京: 科学出版社, 2012.

[79] OZEL F. The computer model "BGRAF": a cognitive approach to emergency egress simulatin [D]. Ann Arbor: University of Michigan, 1987.

[80] CASTLE C J. Guidelines for assessing pedestrian evacuation software applications [R]. London: Centre for Advanced Spatial Analysis.University College London, 2007.

[81] GANEM J. A behavioral demonstration of Fermat's principle [J]. The Physics Teacher, 1998, 36 (2): 76-78.

[82] YAMAMOTO K, KOKUBO S, NISHINARI K. Simulation for pedestrian dynamics by real-coded cellular automata (RCA)[J]. Physica A: Statistical Mechanics and its Applications, 2007, 379 (2): 654-660.

[83] PAN X, HAN C S, DAUBER K, et al. A multi-agent based framework for the simulation of human and social behaviors during emergency evacuations [J]. AI & Society, 2007, 22 (2): 113-132.

[84] HELBING D, FARKAS I, VICSEK T. Simulating dynamical features of escape panic [J]. Nature, 2000, 407 (6803): 487.

[85] HELBING D, MOLNÁR P, FARKAS I J, et al. Self-organizing pedestrian movement [J]. Environment and Planning B: Planning and Design, 2001, 28 (3): 361-383.

[86] WOOLDRIDGE M. An introduction to multiagent systems [M]. New Jersey: John Wiley & Sons, 2009.

[87] JOO J, KIM N, WYSK R A, et al. Agent-based simulation of affordance-based human behaviors in emergency evacuation [J]. Simulation Modelling Practice and Theory, 2013, 32: 99-115.

[88] ALT J K, LIEBERMAN S. Modeling the theory of planned behavior from survey data for action choice in social simulations [C]//Annual Conference on Behavior Representation in Modeling and simulation, 2010.

[89] LEE S, SON Y J, JIN J. An integrated human decision making model for evacuation scenarios under a bdi framework [J]. ACM Transactions on Modeling and Computer Simulation (TOMACS), 2010, 20 (4): 23.

[90] PROULX G. Occupant behaviour and evacuation [C]// International Association for Fire Safety Science Proceedings of the 9th International Fire Protection Symposium, Iceland, 2001: 219-232.

[91] PAN X. Computational modeling of human and social behaviors for emergency egress analysis [D]. Palo Alto, CA: Stanford University, 2006.

[92] SHIELDS T J, BOYCE K E. A study of evacuation from large retail stores [J]. Fire Safety Journal, 2000, 35 (1): 25-49.

[93] SPEARPOINT M, MACLENNAN H A. The effect of an ageing and less fit population on the ability of people to egress buildings [J]. Safety Science, 2012, 50 (8): 1675-1684.

[94] GRUCHY D F. Modelling occupant evacuation during fire emergencies in buildings [D]. Ottawa, ON: Carleton University, 2004.

[95] KOBES M. Zelfredzaamheid bij brand: Kritische factoren voor het veilig vluchten uit gebouwen [M]. Boom Juridisch: Boom Juridische Uitgevers, 2008.

[96] BOYCE K, SHIELDS T, SILCOCK G. Toward the characterization of building occupancies for fire safety engineering: capabilities of disabled people moving horizontally and on an incline [J]. Fire Technology, 1999, 35 (1): 51-67.

[97] KADY R A, DAVIS J. The impact of exit route designs on evacuation time for crawling occupants [J]. Journal of Fire Sciences, 2009, 27 (5): 481-493.

[98] SCHMIDT S, KNUTH D, et al. Final report-BESECU (Human behaviour in crisis situations: a cross cultural investigation to tailor security-related communication) [R]. Luxembourg: EU Publications Office, 2014.

[99] Wood P G. The Behavior of People in Fires (Fire Research Note 953) [R], Watford, UK: Fire Research Station, 1972.

[100] FRANTZICH H, NILSSON D. Evacuation experiments in a smoke filled tunnel [C] //3rd International Symposium on Human Behaviour in Fire. Hampshire: Interscience Communications, 2004: 229-238.

[101] TONG D, CANTER D. The decision to evacuate: a study of the motivations which contribute to evacuation in the event of fire [J]. Fire Safety Journal, 1985, 9 (3): 257-265.

[102] FENNELL D. Investigation into the king's cross underground fire [M]. London, K: Her Majesty's Stationery Office, 1988.

[103]　TANG C H, CHANG C W, CHUANG Y J, et al. An exploratory study on the relationship between orientation map reading and way-finding in unfamiliar environments [M] // Virtual Reality. London: IntechOpen, 2011.

[104]　JOHNSON C. Lessons from the evacuation of the World Trade Centre, 9/11 2001 for the development of computer based simulations [J]. Cognition, Technology & Work, 2005, 7（4）: 214-240.

[105]　CORNWELL B. Bonded fatalities: relational and ecological dimensions of a fire evacuation [J].The Sociological Quarterly, 2003, 44（4）: 617-638.

[106]　GWYNNE S, GALEA E R, OWEN M, et al. A review of the methodologies used in the computer simulation of evacuation from the built environment [J]. Building and Environment, 1999, 34（6）: 741-749.

[107]　PROULX G. High-rise office egress: the human factors [C] //Symposium on High-Rise Building Egress Stairs. Chicago, IL: Council on Tall Buildings and Urban Habitat, 2007: 1-5.

[108]　KINATEDER M, COMUNALE B, WARREN W H. Exit choice in an emergency evacuation scenario is influenced by exit familiarity and neighbor behavior [J]. Safety Science, 2018, 106: 170-175.

[109]　PIRES T T. An approach for modeling human cognitive behavior in evacuation models [J]. Fire Safety Journal, 2005, 40（2）: 177-189.

[110]　KEATING J P. The myth of panic [J]. Fire Journal, 1982, 76（3）: 57-61.

[111]　MOUSSAÏD M, KAPADIA M, THRASH T, et al. Crowd behaviour during high-stress evacuations in an im mersive virtual environment [J]. Journal of The Royal Society Interface, 2016, 13（122）.

[112]　SANDBERG A. Unannounced evacuation of large retail-stores-an evaluation of human behaviour and the computer model SIMULEX [D]. Lund: Lund University, 1997.

[113]　NORÉN J, DELIN M, FRIDOLF K. Ascending stair evacuation: what do we know? [J]. Transportation Research Procedia, 2014, 2: 774-782.

[114]　 Society of Fire Protection Engineers. SFPE guide to human behavior in fire [M]. New York: Springer, 2017.

[115]　BISHOP C, HE Y, MAGRABI A, et al. Situation awareness and occupants' pre-movement times in emergency evacuations [C] //Fire Safety Engineering Stream Conference: Quantification of Fire Safety: Fire Australia 2017. Sydney: Engineers Australia, 2017: 267.

［116］ ALMEJMAJ M, MEACHAM B, SKORINKO J. The effects of culture-specific walking speed data on egress modeling in shopping malls: a comparative analysis ［C］ //SFPE 10th International Conference on Performance Based Codes and Fire Safety Design Methods. Bethesda, MD: SFPE, 2014: 106-116.

［117］ KATZ D, KAHN R L. The social psychology of organizations: volume 2 ［M］. New Yor: Wiley , 1978.

［118］ PURSER D A, BENSILUM M. Quantification of behaviour for engineering design standards and escape time calculations ［J］. Safety Science, 2001, 38（2）: 157-182.

［119］ 颜向农，肖国清，李思慧. 火灾疏散中羊群效应的理论探析与模拟研究 ［J］. 中国安全生产科学技术，2011, 7（4）: 46-51.

［120］ SIME J. Accidents and disasters: vulnerability in the built environment ［J］. Safety Science, 1991, 14（2）: 109-124.

［121］ GRAHAM T, ROBERTS D. Qualitative overview of some important factors affecting the egress of people in hotel fires ［J］. International Journal of Hospitality Management, 2000, 19（1）: 79-87.

［122］ GWYNNE S, GALEA E, LAWRENCE P J, et al. Modelling occupant interaction with fire conditions using the buildingexodus evacuation model ［J］. Fire Safety Journal, 2001, 36（4）: 327-357.

［123］ PROULX G. A stress model for people facing a fire ［J］. Journal of Environmental Psychology, 1993, 13（2）: 137-147.

［124］ HELBING D, BUZNA L, JOHANSSON A, et al. Self-organized pedestrian crowd dynamics: experiments, simulations, and design solutions ［J］. Transportation Science, 2005, 39（1）: 1-24.

［125］ CRISTIANI E, PICCOLI B, TOSIN A. Multiscale modeling of pedestrian dynamics ［M］. Berlin: Springer, 2014.

［126］ HELBING D, FARKAS I J, MOLNAR P, et al. Simulation of pedestrian crowds in normal and evacuation situations ［J］. Pedestrian and Evacuation Dynamics, 2002, 21（2）: 21-58.

［127］ VIRKLER M R, ELAYADATH S. Pedestrian speed-flow-density relationships ［J］. Transportation Research Record, 1994, 12: 51-58.

［128］ 陈曦. 人员疏散速度模型综述 ［J］. 安防科技, 2010（3）: 46-48.

［129］ FREMOND M. Collisions engineering: theory and applications ［M］. Berlin: Springer, 2017.

地下商业建筑人员消防疏散行为与建模

［130］ 李亚峰，马学文，陈立杰，等．建筑消防技术与设计［M］．北京：化学工业出版社，2017．

［131］ 褚冠全，汪金辉．建筑火灾人员疏散风险评估［M］．北京：科学出版社，2017．

［132］ Tubbs J S. Developing trends from deadly fire incidents: A preliminary assessment［R］. Westborough, MA: ARUP, 2004.

［133］ RAUBAL M, EGENHOFER M J, PFOSER D, et al. Structuring space with image schemata: wayfinding in airports as a case study［C］//International Conference on Spatial Information Theory. Berlin: Springer, 1997: 85-102.

［134］ BRYAN J L. A review of the examination and analysis of the dynamics of human behavior in the fire at the MGM Grand Hotel, Clark County, Nevada as determined from a selected questionnaire population［J］. Fire Safety Journal, 1983, 5 (3-4): 233-240.

［135］ AVERILL J, MILETI D, PEACOCK R, et al. Federal investigation of the evacuation of the World Trade Center on september 11, 2001［M］//Pedestrian and Evacuation Dynamics 2005. Berlin, Heidelberg: Springer, 2007: 1-12.

［136］ 中华人民共和国公安部．建筑设计防火规范（2018 年版）: GB 50016—2014. 北京：中国计划出版社，2014．

［137］ PROULX G. Why building occupants ignore fire alarms［M］. Ottawa, ON: Institute for Research in Construction, National Research Council of Canada, 2000.

［138］ MCCONNELL N, BOYCE K, SHIELDS J, et al. The UK 9/11 evacuation study: analysis of survivors' recognition and response phase in WTC1［J］. Fire Safety Journal, 2010, 45 (1): 21-34.

［139］ PROULX G, RICHARDSON J. The human factor: building designers often forget how important the reactions of the human occupants are when they specify fire and life safety systems［J］. Canadian Consulting Engineer, 2002, 43 (3): 35-36.

［140］ PROULX G, TILLER D, KYLE B, et al. Assessment of photoluminescent material during office occupant evacuation［R］. Ottawa, ON: Institute for Research in Construction Internal Report, 1999.

［141］ PROULX G, KYLE B, CREAK J. Effectiveness of a photoluminescent wayguidance system［J］. Fire Technology, 2000, 36 (4): 236-248.

［142］ ISOBE M, HELBING D, NAGATANI T. Many-particle simulation of the evacuation process from a room without visibility［J/OL］. arXiv preprint cond-mat/0306136, 2003.

［143］ NAGAI R, NAGATANI T, ISOBE M, et al. Effect of exit configuration on evacuation of a room without visibility［J］. Physica A: Statistical Mechanics and its Applications, 2004, 343: 712-724.

［144］ HALL J R. U. S. experience with sprinklers［R］. Massachusetts USA: National Fire Protection Association, 2013.

［145］ NFPA. NFPA life safety code（NFPA 101）［R］. Quincy, MA: The National Fire Protection Association, 2009.

［146］ TANG C H, WU W T, LIN C Y, et al. Investigation of the perception of emergency exit signs［J］. Journal of Architectural and Planning Research, 2010, 27（1）: 15-22.

［147］ GALEA E R, XIE H, LAWRENCE P J. Experimental and survey studies on the effectiveness of dynamic signage systems［J］. Fire Safety Science, 2014, 11: 1129-1143.

［148］ VILAR E, REBELO F, NORIEGA P. Indoor human wayfinding performance using vertical and horizontal signage in Virtual Reality［J］. Human Factors and Ergonomics in Manufacturing & Service Industries, 2014, 24（6）: 601-615.

［149］ RONCHI E, NILSSON D, KOJIC S, et al. A Virtual Reality experiment on flashing lights at emergency exit portals for road tunnel evacuation［J］. Fire Technology, 2016, 52（3）: 623-647.

［150］ BOER L. Guiding passengers in emergencies: Development and performance test of way-finding concepts［R］. Soesterberg: TNO Human Factors Research Institute, 2004.

［151］ VILAR E, REBELO F, NORIEGA P, et al. Are emergency egress signs strong enough to overlap the influence of the environmental variables?［C］//International Conference of Design, User Experience, and Usability. Berlin: Springer, 2013: 205-214.

［152］ TOLMAN E C. Cognitive maps in rats and men［J］. Psychological Review, 1948, 55（4）: 189-208.

［153］ PASSINI R. Spatial representations, a wayfinding perspective［J］. Journal of Environmental Psychology, 1984, 4（2）: 153-164.

［154］ WEISMAN J. Evaluating architectural legibility: way-finding in the built environment［J］. Environment and Behavior, 1981, 13（2）: 189-204.

[155] VILAR E, REBELO F, NORIEGA P, et al. The influence of environmental features on route selection in an emergency situation [J]. Applied Ergonomics, 2013, 44（4）: 618-627.

[156] TANG C H, WU W T, LIN C Y. Using Virtual Reality to determine how emergency signs facilitate wayfinding [J]. Applied Ergonomics, 2009, 40（4）: 722-730.

[157] VILAR E, REBELO F, NORIEGA P, et al. Effects of competing environmental variables and signage on route choices in simulated everyday and emergency wayfinding situations [J]. Ergonomics, 2014, 57 （4）: 511-524.

[158] ABU-SAFIEH S F. Virtual Reality simulation of architectural clues' effects on human behavior and decision making in fire emergency evacuation [C] //Pedestrian and Evacuation Dynamics. Berlin: Springer, 2011: 337-347.

[159] 中华人民共和国住房和城乡建设部. 公共建筑节能设计标准: GB 50189—2015. 北京: 中国建筑工业出版社, 2015.

[160] 杨立兵. 建筑火灾人员疏散行为及优化研究 [D]. 长沙: 中南大学, 2012.

[161] GALEA E R, BLAKE S. Collection and analysis of human behaviour data appearing in the mass media relating to the evacuation of the World Trade Centre Towers of 11 September 2001 [R]. London: Office of the Deputy Prime Minister London, 2004.

[162] KOBES M, HELSLOOT I, DE VRIES B, et al. Exit choice, （pre-）movement time and （pre-） evacuation behaviour in hotel fire evacuation: behavioural analysis and validation of the use of serious gaming in experimental research [J]. Procedia Engineering, 2010, 3: 37-51.

[163] 赵春丽, 杨滨章, 刘岱宗, 等. PSPL 调研法: 城市公共空间和公共生活质量的评价方法: 扬·盖尔城市公共空间设计理论与方法探析（3）[J]. 中国园林, 2012（9）: 34-38.

[164] 吴頔. 重庆地下商业建筑消防疏散行为影响要素研究 [D]. 重庆: 重庆大学, 2016.

[165] 朱建明, 王树理, 张忠苗. 地下空间设计与实践 [M]. 北京: 中国建材工业出版社, 2007.

[166] 耿永常, 赵晓红. 城市地下空间建筑 [M]. 哈尔滨: 哈尔滨工业大学出版社, 2001.

[167] 孙清军, 李伟, 陆诗亮. 创造优质地下商业心理环境: 地下商业空间方位感的建立 [J]. 哈尔滨建筑大学学

报，2000（4）：83-88.

[168] 凯文·林奇·城市意象［M］.北京：华夏出版社，2001.

[169] 邓丽·地下商业空间可识别性设计研究［D］.重庆：重庆大学，2007.

[170] NOTAKE H, EBIHARA M, YASHIRO Y. Assessment of legibility of egress route in a building from the viewpoint of evacuation behavior［J］. Safety Science, 2001, 38（2）: 127-138.

[171] KULIGOWSKI E D. The process of human behavior in fires［R］. Gaithersburg, MD: Department of Commerce, National Institute of Standards and Technology, 2009.

[172] JUNG J W, GIBSON K. The use of landmarks in fire emergencies: a study of gender and the descriptive quality of landmarks on successful wayfinding［J］. Journal of Interior Design, 2007, 32（2）: 45-57.

[173] SUN C. Architectural cue model in evacuation simulation for underground space design［D］. Eindhoven: Technische Universiteit Eindhoven, 2009.

[174] 王春枝，斯琴·德尔菲法中的数据统计处理方法及其应用研究［J］.内蒙古财经学院学报：综合版，2011（4）：92-96.

[175] 吴国松，李洋，柳丽影，等·基于Delphi法的医疗风险识别技术评价研究［J］.中国医院，2014，18（4）：25-27.

[176] 王静云·基于德尔菲法的PPH治疗痔病中西医结合护理路径研究［J］.北京中医药大学，2013，3（11）：127-128.

[177] 徐倩，徐丹，李风森·应用德尔菲法建立慢性阻塞性肺疾病发展"快"、"慢"的评价标准［J］.重庆医学，2014，43（9）：1117-1119.

[178] 邓芳·采用德尔菲法构建精神卫生立法评价指标框架［D］.长沙：中南大学，2014.

[179] 程琮，刘一志，王如德·Kendall协调系数W检验及其SPSS实现［J］.泰山医学院学报，2010，31（7）：487-490.

[180] 周萍萍，张磊，焦阳，等·应用德尔菲法建立进口食品中化学性危害物质风险分级指标体系［J］.食品安全质量检测学报，2016（5）：2114-2119.

[181] 陆运清·用Pearson's卡方统计量进行统计检验时应注意的问题［J］.统计与决策，2009（15）：32-33.

[182] BRYAN J L. Smoke as a determinant of human-behavior in fire situations［M］//Fireline: volume 5. San Francisco: Infotech Publications, 1978: 13.

[183] WOOD P. Fire research note 953 [R] .Borehamwood, UK: Building Research Establishment, 1972.

[184] OLSSON P Å, REGAN M A. A comparison between actual and predicted evacuation times [J] . Safety Science, 2001, 38（2）: 139-145.

[185] PROULX G, FAHY R F. The time delay to start evacuation: review of five case studies [J] . Fire Safety Science, 1997, 5: 783-794.

[186] EMO B, HOELSCHER C, WIENER J, et al. Wayfinding and spatial configuration: evidence from street corners [C] //Eighth International Space Syntax Symposium, 2012.

[187] ARTHUR P, PASSINI R. Wayfinding: people, signs, and architecture [M] .MC Graw-Hill Companies, 1992.

[188] 梁锐, 朱火保. 火灾时公共建筑中公众逃生行为分析及设计对策 [J] . 广东工业大学学报, 2000, 17（1）: 37-42.

[189] FRIBERG M, HJELM M.Mass evacuation: human behavior and crowd dynamics: what do we know? [R] .Lund University, Sweden, 2015.

[190] FAHY R F, PROULX G, AIMAN L. 'panic' and human behaviour in fire [R] . Ottawa, ON: National Research Council Canada, 2009.

[191] 全国消防标准化技术委员会建筑消防安全工程分技术委员会. 消防安全工程 第 9 部分: 人员疏散评估指南: GB/T 31593.9—2015 [S] . 北京: 中国标准出版社, 2015.

[192] 毛占利, 陈浩楠. 人员疏散预动作时间的随机性研究 [J] . 武警学院学报, 2016, 32（4）: 48-52.

[193] PROULX G. Response to fire alarms [J] . Fire Protection Engineering, 2007, 33（4）: 8-14.

[194] PROULX G. How to initiate evacuation movement in public buildings [J] . Facilities, 1999, 17（9/10）: 331-335.

[195] KINATEDER M T, KULIGOWSKI E D, RENEKE P A, et al. Risk perception in fire evacuation behavior revisited: definitions, related concepts, and empirical evidence [J] . Fire Science Reviews, 2015, 4（1）: 1.

[196] WILLS R. Human instincts, everyday life, and the brain [M] . Prince Edward Island: Book Emporium, 1998.

[197] QUARANTELLI E L. The nature and conditions of panic [J]. American Journal of Sociology, 1954, 60 (3): 267-275.

[198] CHU M L. A computational framework incorporating human and social behaviors for occupant-centric egress simulation [D]. Palo Alto, CA: Stanford University, 2015.

[199] KULIGOWSKI E D. Terror defeated: occupant sensemaking, decision-making and protective action in the 2001 World Trade Center disaster [D]. Boulder, CO: University of Colorado at Boulder, 2011.

[200] BILLINGS R S, MILBURN T W, SCHAALMAN M L. A model of crisis perception: a theoretical and empirical analysis [J]. Administrative Science Quarterly, 1980, 25 (2): 300-316.

[201] WELFORD WT. On the relationship between the modes of image formation in scanning microscopy and conventional microscopy [J]. Journal of Microscopy, 1972, 96 (1): 105-107.

[202] TURVEY M T. Affordances and prospective control: an outline of the ontology [J]. Ecological Psychology, 1992, 4 (3): 173-187.

[203] GIBSON J J. The ecological approach to visual perception: classic edition [M]. London: Psychology Press, 2014.

[204] GIBSON J J. The senses considered as perceptual systems [M]. Boston, MA: Houghton Mifflin, 1966.

[205] SIMMEL G. The sociology of Georg Simmel: volume 92892 [M]. New York: Simon and Schuster, 1950.

[206] AGUIRRE B E, WENGER D, VIGO G. A test of the emergent norm theory of collective behavior [M] // Sociological Forum: volume 13. Berlin: Springer, 1998: 301-320.

[207] CIALDINI R B, WOSINSKA W, BARRETT D W, et al. Compliance with a request in two cultures: the differential influence of social proof and commitment/consistency on collectivists and individualists [J]. Personality and Social Psychology Bulletin, 1999, 25 (10): 1242-1253.

[208] 国家标准化管理委员会.中国成年人人体尺寸: GB/T 10000—1988 [R]: 全国标准信息公共服务平台 1988. http: //std.samr.gov.cn/gb.

[209] LIMITED V E A. SIMULEX user guide 6.0 [Z]. Glasgow: Virtual Environment Applications Limited, 2011.

[210] THOMPSON P A, MARCHANT E W. Testing and application of the computer model 'SIMULEX' [J]. Fire Safety Journal, 1995, 24 (2): 149-166.

［211］ 李俊梅，胡成，李炎锋，等.不同类型疏散通道人群密度对行走速度的影响研究［J］.建筑科学，2014，30（8）：122-129.

［212］ GWYNNE S M，ROSENBAUM E R. Employing the hydraulic model in assessing emergency movement［M］// SFPE handbook of fire protection engineering. Berlin：Springer，2016：2115-2151.

［213］ FRUIN J J. Designing for pedestrians：a level-of-service concept［C］//Highway Research Board 50th Annual Meeting of the Highway Research Board，1971：1-15.

［214］ United States. Federal Emergency Management Agency Population Preparedness office. Radiological Emergency Preparedness Division.Dynamic evacuation analyses：independent assessments of evacua-tion times from the plume exposure pathway emergency planning zones of twelve nuclear power stations：volume 92892［R］.1983.

图书在版编目（CIP）数据

地下商业建筑人员消防疏散行为与建模 ＝ Research on Occupants' Fire Evacuation Behavior and Computable Model in Underground Commercial Buildings / 王大川著. — 北京：中国建筑工业出版社，2023.10

（城市及建筑安全疏散规划与设计系列 / 周铁军主编）

ISBN 978-7-112-29138-0

Ⅰ. ①地… Ⅱ. ①王… Ⅲ. ①地下建筑物－商业建筑－消防－安全疏散－研究 Ⅳ. ①TU998.1

中国国家版本馆 CIP 数据核字（2023）第 174609 号

数字资源阅读方法：

本书提供全书图片的电子版（部分图片为彩色），读者可使用手机/平板电脑扫描右侧二维码后免费阅读。

操作说明：

扫描右侧二维码→关注"建筑出版"公众号→点击自动回复链接→注册用户并登录→免费阅读数字资源。

注：数字资源从本书发行之日起开始提供，提供形式为在线阅读、观看。如果扫码后遇到问题无法阅读，请及时与我社联系。客服电话：4008-188-688（周一至周五9：00-17：00），Email：jzs@cabp.com.cn

责任编辑：李成成
责任校对：姜小莲
校对整理：李辰馨

城市及建筑安全疏散规划与设计系列
丛书主编　周铁军
地下商业建筑人员消防疏散行为与建模
Research on Occupants' Fire Evacuation Behavior and Computable Model in Underground Commercial Buildings
王大川　著
＊
中国建筑工业出版社出版、发行（北京海淀三里河路9号）
各地新华书店、建筑书店经销
北京红光制版公司制版
北京中科印刷有限公司印刷
＊
开本：787毫米×1092毫米　1/16　印张：15½　字数：315千字
2024年1月第一版　　2024年1月第一次印刷
定价：**78.00**元（赠数字资源）
ISBN 978-7-112-29138-0
　　（41819）